# THÉORÈMES

## LIEUX GÉOMÉTRIQUES ET PROBLÈMES.

Les applications de Blanchet.

# THÉORÈMES

## LIEUX GÉOMÉTRIQUES ET PROBLÈMES

PAR E. E. NEËL,

ANCIEN ÉLÈVE DE L'ÉCOLE MILITAIRE.

BRUXELLES

LIBRAIRIE DE L'OFFICE DE PUBLICITÉ

46, RUE DE LA MADELEINE, 46

# AVIS.

Quelques théorèmes auxiliaires ont été démontrés.

Les numéros des propositions invoquées, correspondent aux dernières éditions de la Géométrie de Blanchet.

Fig. 1.

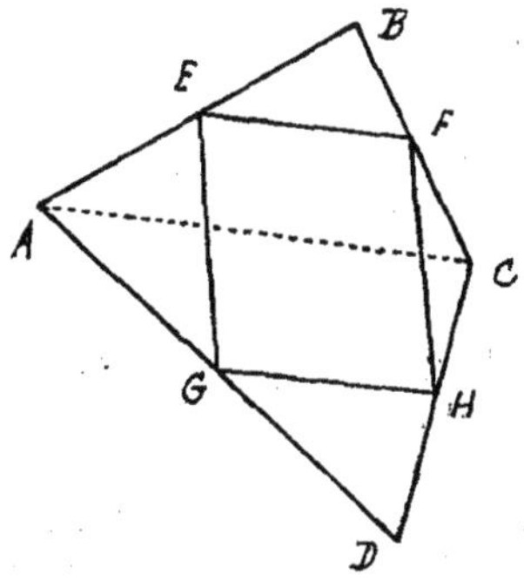


Fig. 2.

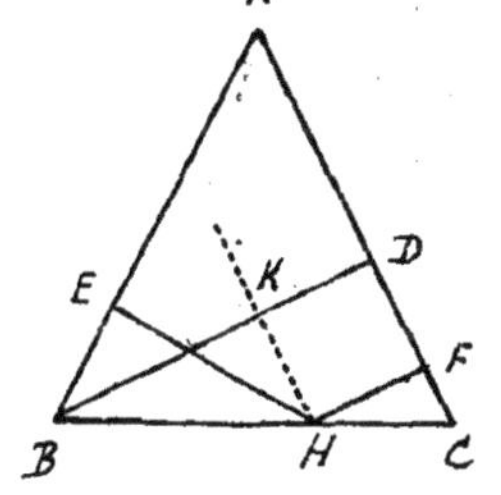


Fig. 3.

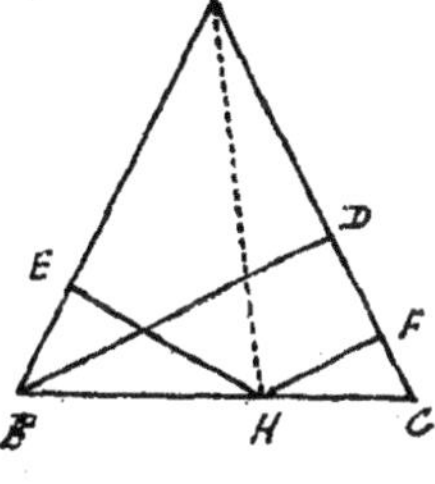

# GÉOMÉTRIE PLANE.

## THÉORÈMES.

### 1.

*La figure qui a pour sommets les milieux des côtés d'un quadrilatère est un parallélogramme.*

(Fig. 1.) $EF = \frac{AC}{2} = GH$. Ces 3 droites sont parallèles.

### Th.

*La somme des perpendiculaires abaissées d'un point quelconque de la base d'un triangle isocèle sur les côtés, est constante.*

1er MOYEN. (Fig. 2.) $HF = KD$ et $BK = EH$ donc $HF + EH = BD$.

2e MOYEN. (Fig. 3.) $ABC = \frac{AC}{2} \cdot BD = ABH + HAC = \frac{AB}{2} \cdot EH + \frac{AC}{2} HF = \frac{AC}{2}(HE + HF)$.

Le triangle isocèle peut avoir un angle droit ou obtus.

REMARQUE. La base du triangle isocèle est un lieu géométrique.

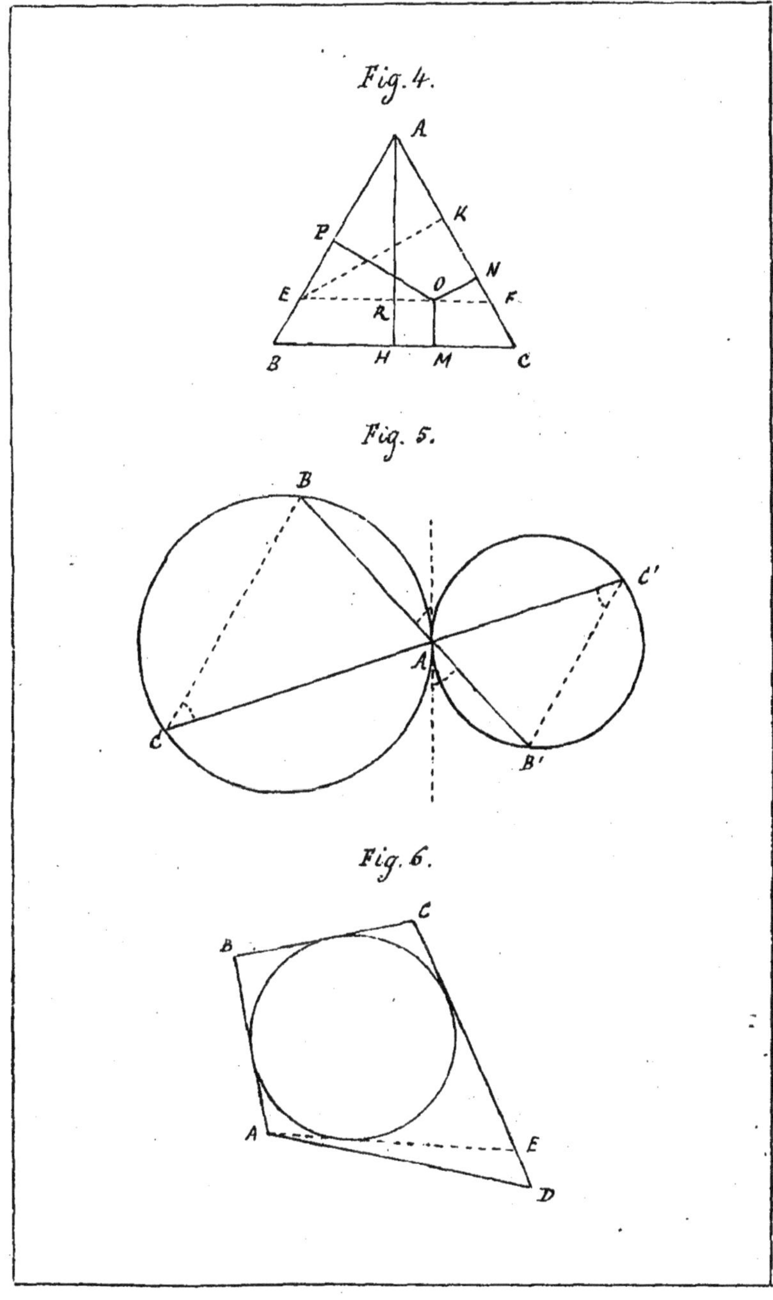
Fig. 4.
A
K
P
N
O
E
F
R
B
H
M
C
Fig. 5.
B
C'
A
C
B'
Fig. 6.
C
B
A
E
D

## 2.

*Si, d'un point pris dans l'intérieur d'un triangle équilatéral, on abaisse des perpendiculaires sur les trois côtés, la somme de ces perpendiculaires est constante. (Examiner ce que devient le théorème quand le point est extérieur au triangle.)*

1er MOYEN. (Fig. 4.) Par le point O, menez EF parallèle à BC.

OM=RH et ON+OP=EK=AR donc OM+ON+OP=AH.

2e MOYEN. Comme au problème précédent.

Le point O est extérieur au triangle ABC?

## 3.

*Par le point de contact* A *de deux cercles tangents, on mène deux sécantes quelconques* BB',CC' : *prouver que les droites* BC,B'C', *sont parallèles.*

(Fig. 5.) Menez la tangente commune.

Les cercles sont tangents intérieurement?

## 4.

*Dans tout quadrilatère circonscrit à un cercle, la somme de deux côtés opposés est égale à la somme des deux autres.*

Les tangentes menées d'un point à un cercle....

RÉCIPROQUEMENT. (Fig. 6.) Soit la circonférence O tangente à 3 côtés seulement.

par hypothèse BC+AD=AB+CD

menez la tangente AE, vous aurez BC+AE=AB+CE

d'où AD—AE=ED (absurde.)

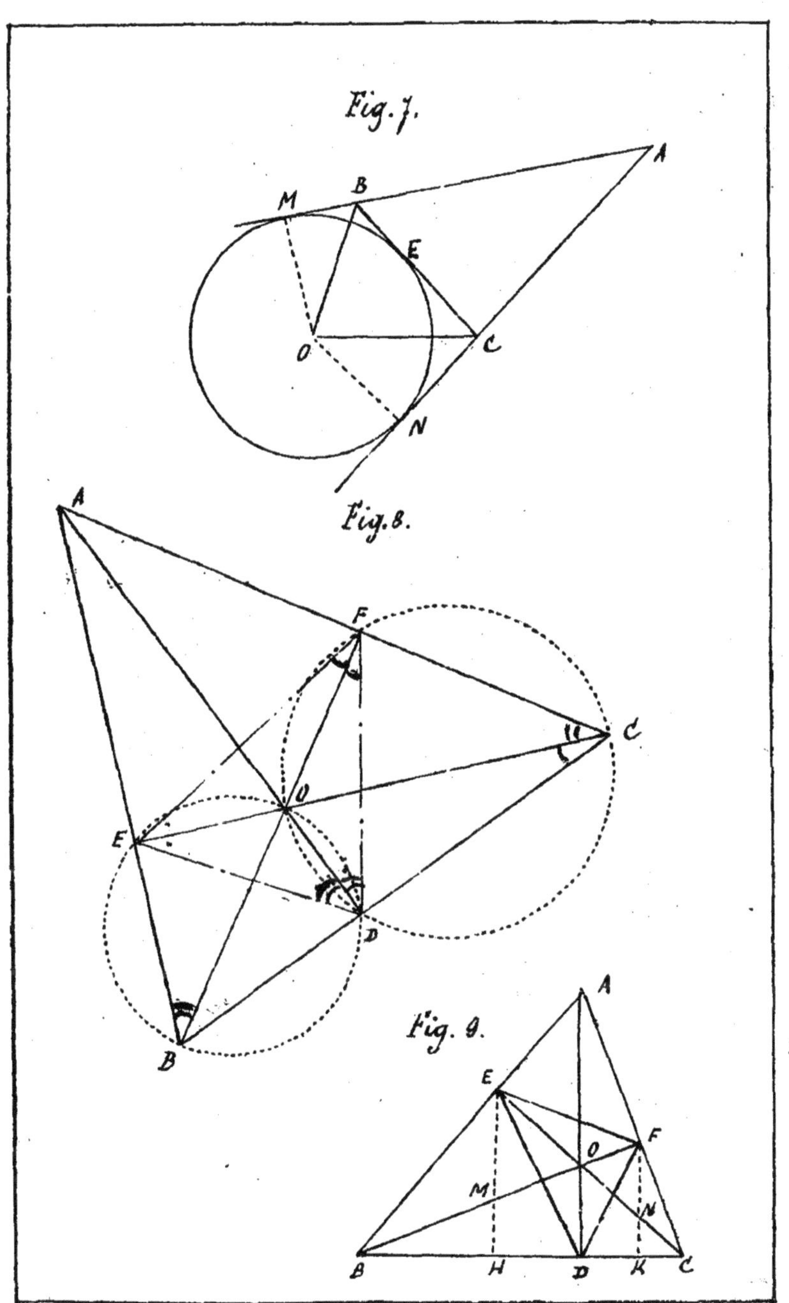
Fig. 7.
A
B
M
E
C
O
N
Fig. 8.
A
F
C
O
E
D
B
Fig. 9.
A
E
F
O
M
N
B
H
D
K
C

5.

*On suppose le cercle* O *tangent aux deux côtés de l'angle* A, *puis on mène une tangente* BEC *terminée aux deux côtés de l'angle : prouver* 1° *que le périmètre du triangle* ABC *est constant, quelque soit le point de l'arc* MEN *par lequel on mène la tangente;* 2° *que l'angle* BOC *est constant.*

(Fig. 7.) 1° $AB+AC+BC=2p=AM+AN$ ; et $AN=AM=p$

2° $BOC=\frac{MON}{2}$; MON est le supplémentaire de l'angle A.

6.

*Si on joint deux à deux les pieds des trois hauteurs d'un triangle, on forme un nouveau triangle dans lequel les bissectrices des angles sont les hauteurs du premier triangle.*

1er MOYEN. (Fig. 8.) Démontrez que l'angle $EDA=ADF$; sur BO et CO comme diamètres décrivez des circonférences.

Angle $EDO=OBE$, angle $ADF=ACE$; mais angle $ACE=ABF=1\,dr-BAC$. Donc la hauteur AD est bissectrice de l'angle EDF.

REMARQUE. AD, BF et CE se coupent en un même point. (Th. 12.)

2e MOYEN. (Fig. 9.) Menez les perpendiculaires EH, FK.

$$\frac{EM}{FN}=\left(\frac{OE}{ON}\right)=\frac{HD}{DK}\ (1) \text{ et } \frac{EM}{EH}=\left(\frac{AO}{AD}\right)=\frac{FN}{FK}\ (2)$$

(2) peut s'écrire $\frac{EM}{FN}=\frac{EH}{FK}$ (3) De (1) et (3) on tire : $\frac{HD}{DK}=\frac{EH}{FK}$, ce qui montre que les triangles rectangles EHD, FKD sont semblables et que les angles EDA, ADF, respectivement égaux à DEH, DFK, sont égaux.

Fig. 10.

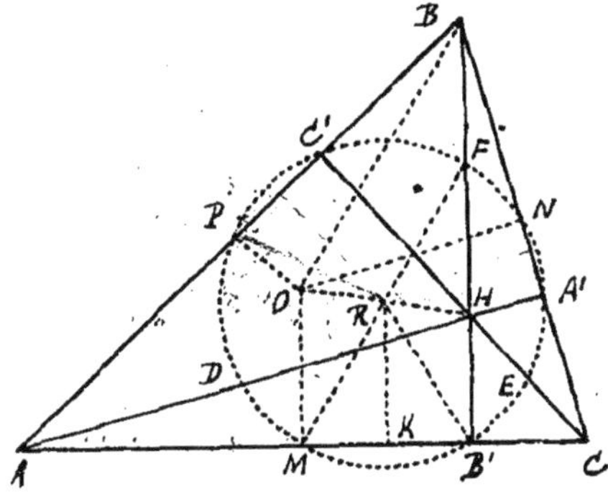


Fig. 11.

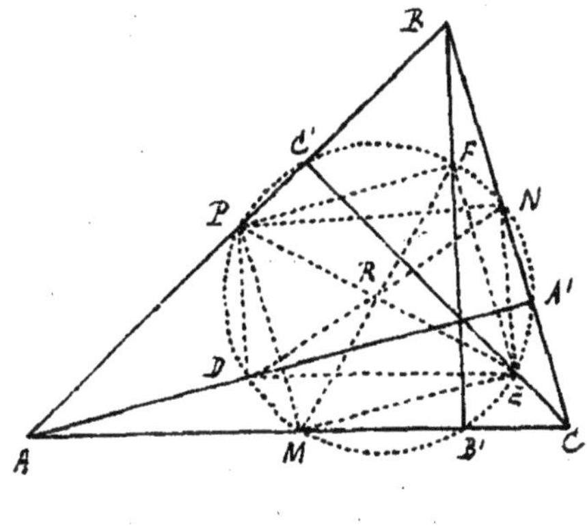

## 7.

*Les pieds des hauteurs d'un triangle et les milieux des trois côtés sont sur une même circonférence.*

1er MOYEN. (Fig. 10.) Soit O le centre du cercle circonscrit. Joignez OH, par R milieu de cette droite abaissez RK perpendiculaire sur AC.

Dans le trapèze MOHB', les obliques MR, RB' sont égales.

REMARQUE I. Les points D,E,F, milieux des segments compris entre les sommets et le point de concours des hauteurs appartiennent à la même circonférence.

Soit F milieu de BH, joignez RF. Les triangles ORM, RFH, sont égaux, car $\frac{OM}{BH}=\frac{2}{1}$ (Remarque du th. 14); donc MRF est une ligne droite et MR=RF. La circonférence décrite de R comme centre avec MR=RB'=RF comme rayon, passera par les points M,B',E,A',N,F,C',P,D.

Ce théorème prend communément le nom de *circonférence des neuf points*.

REMARQUE II. Le centre de cette circonférence est le milieu de la droite qui joint le centre O au point de concours H; le rayon est moitié du rayon du cercle circonscrit, car en joignant OB, on a : $RF=\frac{OB}{2}$.

2° MOYEN. (Fig. 11.) PNED,PFEM sont des rectangles. Les angles PC'E,DA'N,FB'M sont droits.

## 8.

*Etant donné un quadrilatère, si l'on mène des cercles tangents à trois côtés consécutifs, les centres des quatres cercles qu'on obtient ainsi forment un quadrilatère inscriptible.*

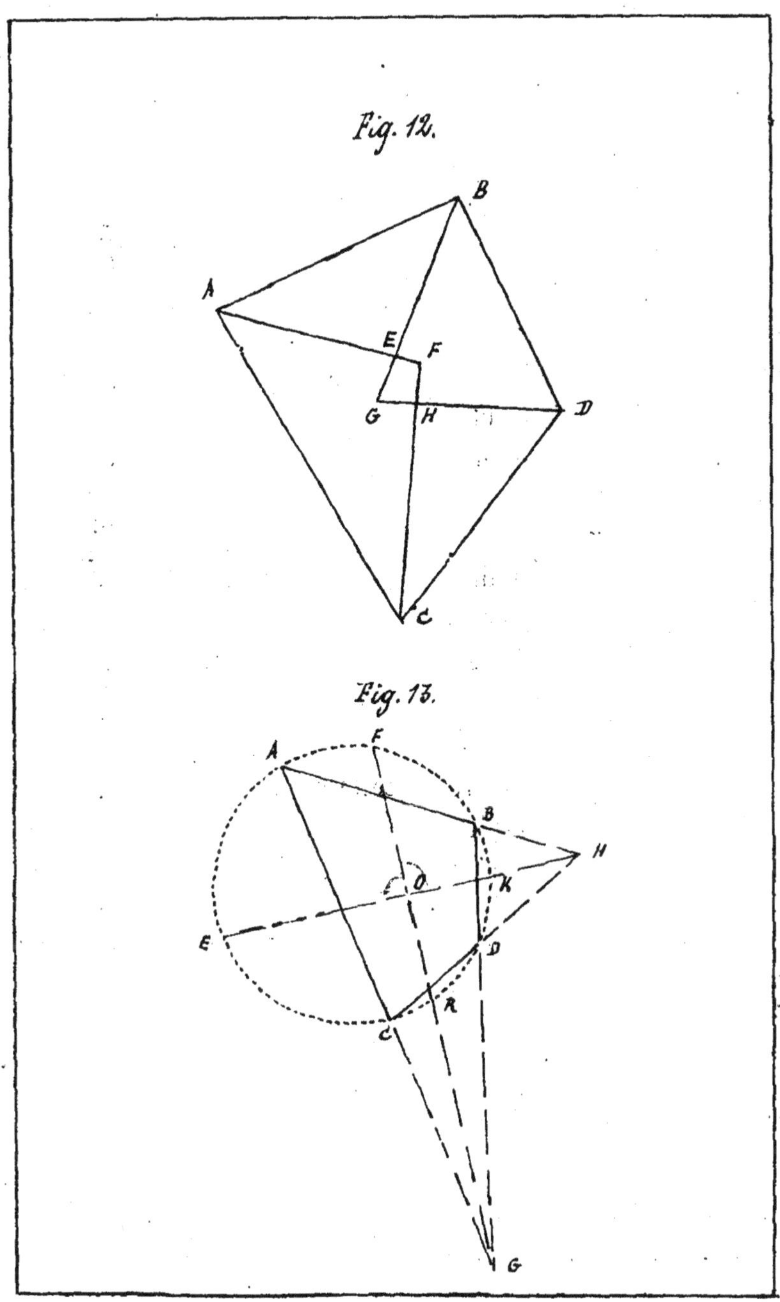
Fig. 12.
A
B
C
D
E
F
G
H
Fig. 13.
A
B
C
D
E
F
G
H
K
O
R

(Fig. 12). Les centres sont déterminés par les points de rencontre des bissectrices.

$$\frac{A}{2}+\frac{C}{2}+F=2dr$$

$$\frac{B}{2}+\frac{D}{2}+G=2dr$$

---

$$\left(\frac{A}{2}+\frac{B}{2}+\frac{C}{2}+\frac{D}{2}\right)+F+G=4dr \text{ ou } F+G=2dr$$

REMARQUE I. Les centres des cercles ex-inscrits forment un quadrilatère inscriptible.

REMARQUE II. Si ABCD devient un parallélogramme, EFGH devient un rectangle.

## 9.

*Les bissectrices des angles formés par les côtés opposés d'un quadrilatère inscriptible se coupent à angle droit.*

(Fig. 13.) Démontrez que les angles EOF, FOK ont même mesure :

$$\overset{\frown}{AE}-\overset{\frown}{BK}=\overset{\frown}{EC}-\overset{\frown}{KD}$$

$$AF-CR=FB-RD$$

---

$$AE-BK+AF-CR=EC-KD+FB-RD$$

$$AE+AF+KD+RD=EC+CR+FB+BK$$

$$EF+KR=ER+FK$$

## 10.

*Si, d'un point quelconque du cercle circonscrit à un triangle, on abaisse des perpendiculaires sur les trois côtés, les pieds de ces perpendiculaires sont en ligne droite.*

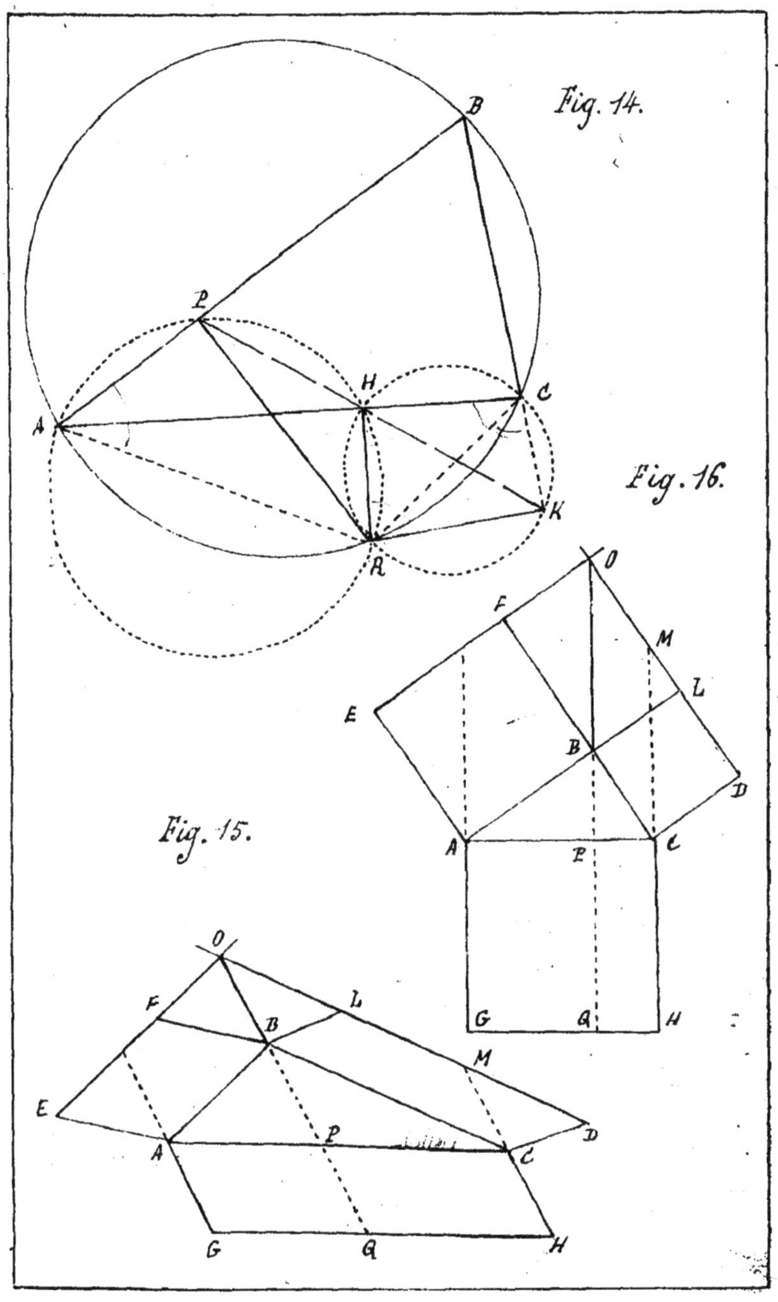
Fig. 14.
B
P
H
C
A
K
R
Fig. 16.
O
F
M
L
E
B
D
A
P
C
G
Q
H
Fig. 15.
O
F
L
B
M
E
P
D
A
C
G
Q
H

(Fig, 14.) Joignez HP,HK. et démontrez que les angles PHA,CHK, sont égaux. Sur AR et RC comme diamètres décrivez des circonférences. L'angle PHA=PRA, l'angle CHK=CRK; mais les angles CRK, PRA sont égaux comme compléments d'angles égaux. Donc PHA=CHK et PHK est une ligne droite.

11.

*On construit sur les côtés* AB, BC, *d'un triangle* ABC, *les parallélogrammes quelconques* ABFE, BCDL ; *on prolonge* EF *et* LD *jusqu'en* O, *et on tire* OB ; *enfin on construit sur* AC *un parallélogramme dont le côté adjacent est égal et parallèle à* OB : *démontrer que ce parallélogramme est équivalent à la somme des deux autres. (En déduire comme conséquence le carré de l'hypothénuse.)*

(Fig. 15.) Prolongez OB et HC. Les parallélogrammes QPCH, BOMC, BLDC, sont équivalents.

Conséquence. (Fig. 16.) Sur le triangle rectangle ABC, construisez les carrés ABFE, BCDL, et achevez comme ci-dessus. Démontrez que ACHG est un carré et que BQ est perpendiculaire sur AC.

Les triangles OBL, ABC sont égaux, donc OB=AC=CH; les angles LOB+OBL=1 dr=ABP+BAP. Donc BPA=1 dr.

12.

*Les trois hauteurs d'un triangle se coupent en un même point.*

1er moyen. (Fig. 17.) Par les sommets du triangle menez des parallèles aux côtés opposés. Les hauteurs du triangle ABC sont les perpendiculaires élevées sur les milieux des côtés du triangle A'B'C'.

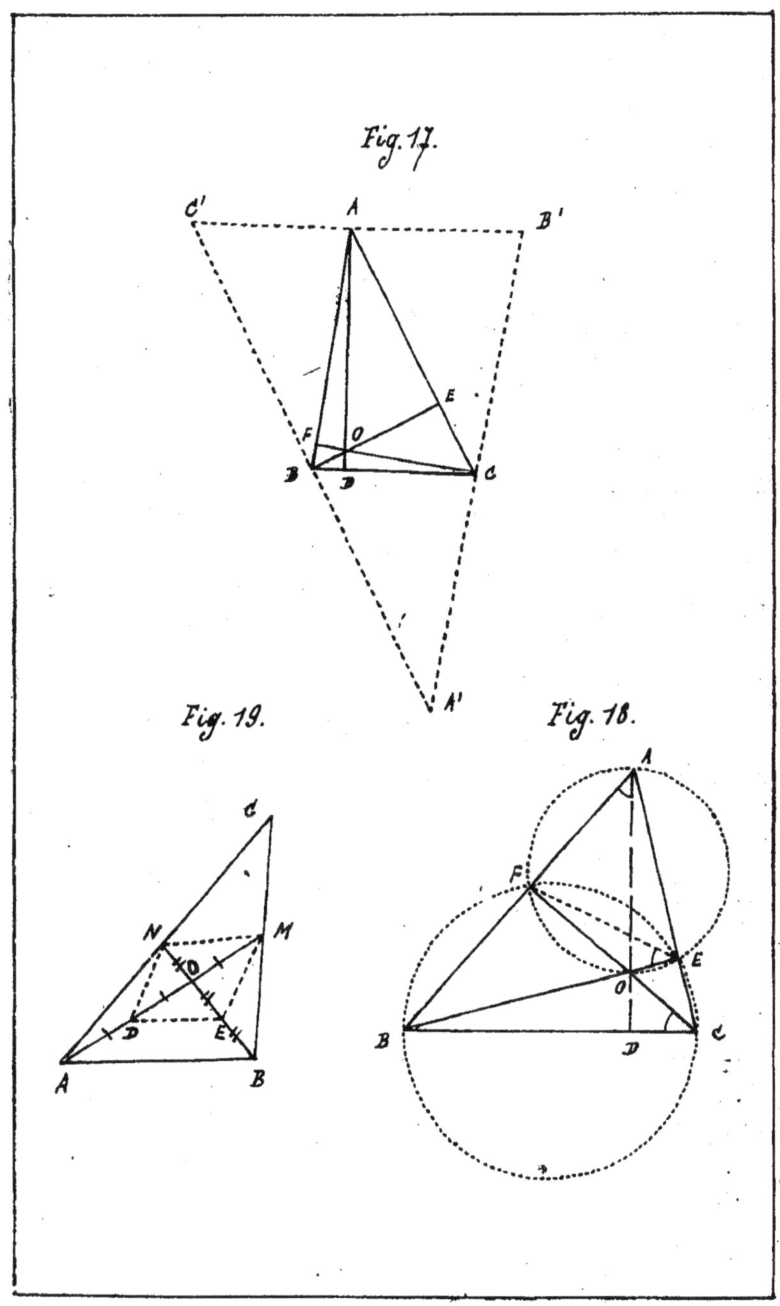


Fig. 17.

Fig. 19.

Fig. 18.

2me MOYEN. (Fig. 18.) Menez deux hauteurs BE et CF, tracez AOD et prouvez que l'angle D est droit.

Joignez FE ; les quadrilatères inscriptibles BFEC, AFOE, donnent l'angle BCF=BEF=OAF ; les triangles AFO, ODC, montrent que l'angle D est droit.

3me MOYEN. (Fig. 17.) Démontrez que BD. FA. CE= DC. FB. AE.

$$\frac{BD}{DC}=\frac{BOD}{DOC} \qquad \frac{BOD}{AOE}=\frac{BO.OD}{AO.OE}$$

$$\frac{FA}{BF}=\frac{AOF}{BOF} \qquad \frac{AOF}{DOC}=\frac{AO.OF}{DO.OC}$$

$$\frac{CE}{AE}=\frac{COE}{AOE} \qquad \frac{COE}{BOF}=\frac{CO.OF}{BO.OF}$$

$$\frac{BD.FA.CE}{DC.BF.AE}=\frac{BOD.AOF,COE}{DOC.BOF.AOE} \quad \frac{BOD.AOF.COE}{AOE.DOC.BOF}=\frac{BO.OD.AO.OF.OC.OE}{AO.OE.DO,OC.BO.OF}=1$$

$$\text{donc } \frac{BD.FA.CE}{DC.BF.AE}=1.$$

## 13.

*Les lignes qui joignent les sommets d'un triangle aux milieux des côtés opposés se coupent en un même point.*

1er MOYEN. (Fig. 19.) Démontrez que denx médianes quelconques se coupent au $\frac{1}{3}$ de leur longueur à partir de la base et aux $\frac{2}{3}$ à partir du sommet. Joignez NM et DE, les points D et E étant les milieux de AO et BO. La figure NDEM est un parallélogramme, d'où OM=OD=DA=$\frac{AO}{2}=\frac{AM}{3}$.

2e MOYEN. (Fig. 20.) Les médianes AM, BN se coupent en

Fig. 20.

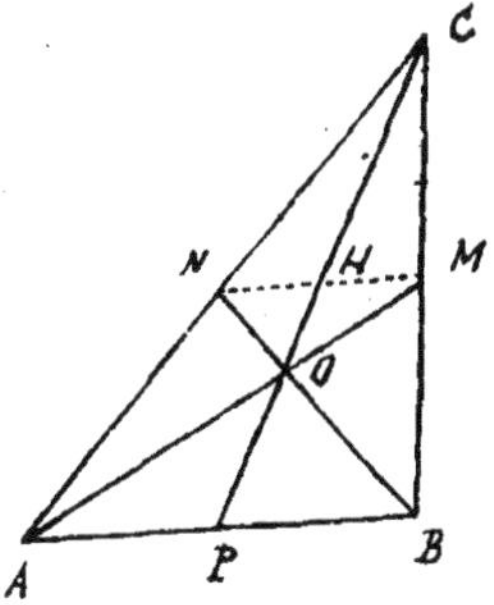

O. Joignez le point O au point H milieu de NM et démontrez que OH prolongée passe par le sommet C et par P milieu de AB.

Les triangles AOP, HOM donnent $\frac{HM}{AP}=\frac{OH}{OP}$, les triangles POB, NOH donnent $\frac{NH}{PB}=\frac{OH}{OP}$ d'où $\frac{HM}{AP}=\frac{NH}{PB}$ or $HM=NH$ donc $AP=PB$. En joignant le point C au milieu de NM cette droite passe par P, donc C,H,O,P, sont en ligne droite ; de plus $\frac{AO}{OM}=\frac{AP}{HM}=\frac{2}{1}$ d'où $OM=\frac{AO}{2}=\frac{AM}{3}$.

On peut dire aussi (Fig. 20.), les médianes AM,BN, se coupant en O, joignez NM qui sera parallèle à AB et $=\frac{AB}{2}$. Les triangles semblables AOB, NOM , montrent que $OM=\frac{AO}{2}=\frac{AM}{3}$. De même $ON=\frac{BN}{3}$. Menez ensuite la 3e médiane CP : pour la même raison elle coupera AM au $\frac{1}{3}$ de sa longueur, et en conséquence elle passera par le point O.

3e MOYEN. (Fig. 20.) Démontrez que AP.NC.MB= PB.AN.CM.

REMARQUE. Le point O est le *centre de gravité* du triangle; c'est aussi le *centre des* M.D. des 3 sommets du triangle.

## 14.

*Le point de concours des hauteurs d'un triangle, le point de concours des médianes, et le centre du cercle circonscrit, sont en ligne droite; et la distance des deux premiers points est double de la distance des deux derniers.*

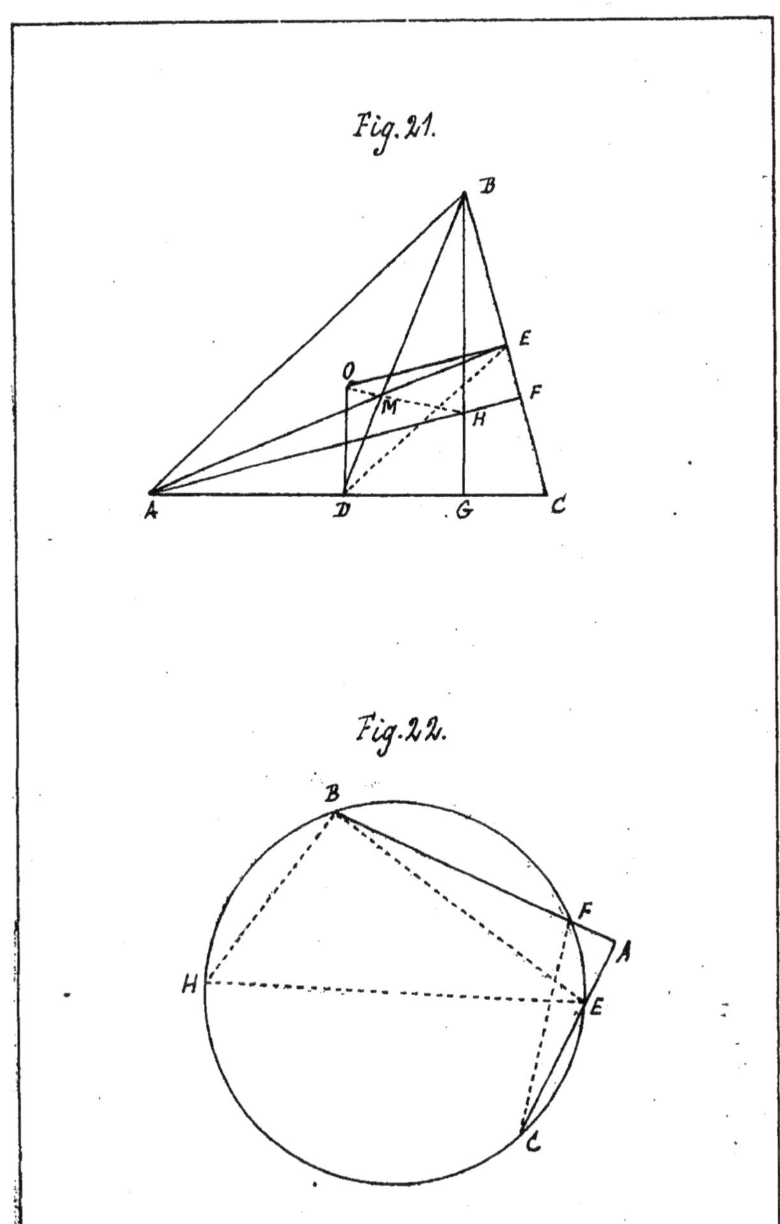
Fig. 21.
B
E
O
F
M
H
A
D
G
C
Fig. 22.
B
F
A
H
E
C

(Fig. 21.) Menez les hauteurs AF, BG, les perpendiculaires OD, OE, les médianes BD, AE ; joignez le point M aux points O et H et tirez DE.

Les triangles semblables ABH, ODE donnent $\frac{AB}{DE}=\frac{BH}{OD}=\frac{2}{1}$.

L'on a aussi $\frac{BM}{MD}=\frac{2}{1}$ d'où les triangles BMH, OMD sont semblables et l'angle OMD=BMH, donc OMH est une ligne droite et $\frac{MH}{OM}=\frac{2}{1}$.

Remarque. La proportion $\frac{BH}{OD}=\frac{2}{1}$ indique que dans un triangle, la distance d'un sommet au point de concours des hauteurs est double de la distance du côté opposé au centre du cercle circonscrit.

**Th.**

*Si d'un point donné on mène à un cercle deux sécantes perpendiculaires entr'elles, la somme des carrés des segments sera constante.*

(Fig. 22.) Tirez les cordes BE, FC, le diamètre HE et la corde BH.

On a : $\overline{AB}^2+\overline{AE}^2+\overline{CA}^2+\overline{AF}^2=\overline{BE}^2+\overline{CF}^2$ ; l'angle A étant droit, l'arc BH+HC—EF$=\frac{1}{2}$ circ. =HC+CE, par suite l'arc BH=CE+EF et la corde BH=CF.

On en déduit : $\overline{AB}^2+\overline{AF}^2+\overline{AC}^2+\overline{AE}^2=\overline{HE}^2=\overline{D}^2$.

15.

*Si d'un point donné on mène à un cercle deux sécantes perpendiculaires entr'elles, la somme des carrés des cordes sera constante.*

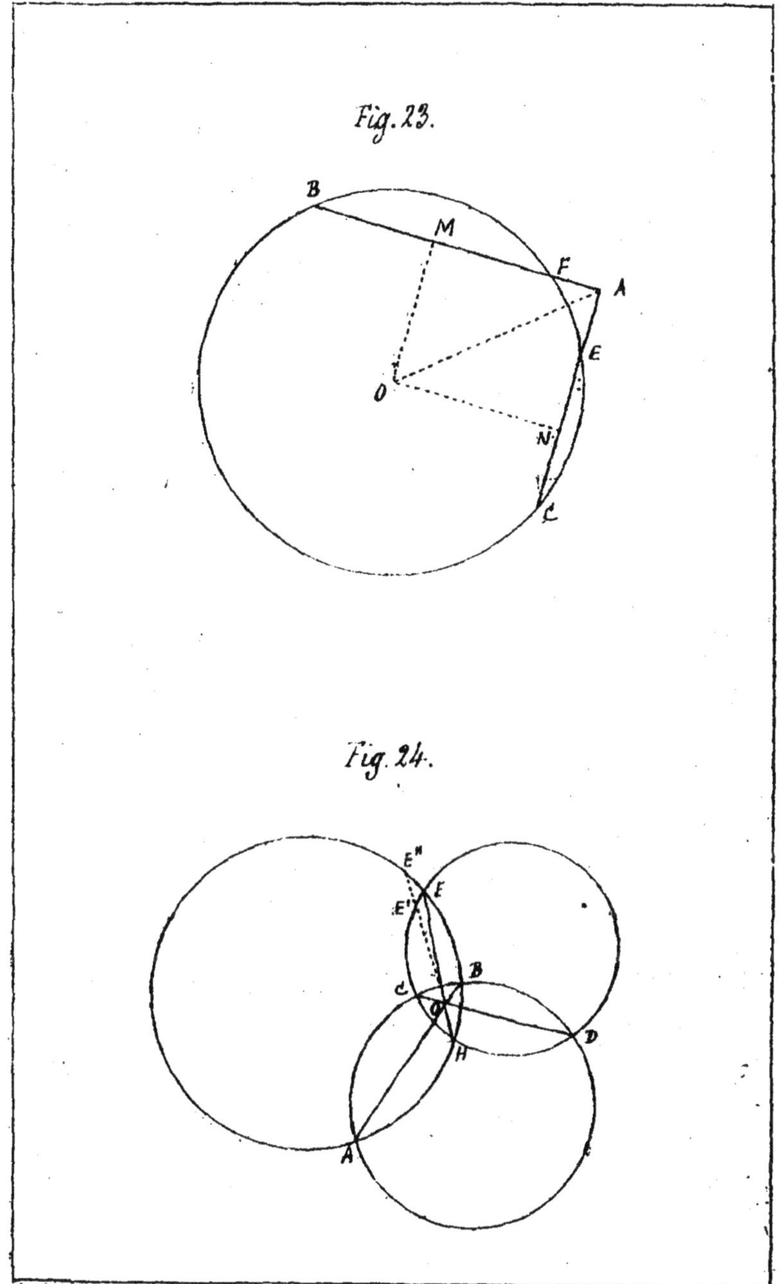
Fig. 23.
B
M
F
A
E
O
N
C
Fig. 24.
E"
E
E'
B
C
O
D
H
A

1^er^ MOYEN. (Fig. 23.)

$$\overline{BF}^2 = \overline{AB}^2 + \overline{AF}^2 - 2AB.AF$$
$$\overline{EC}^2 = \overline{AC}^2 + \overline{AE}^2 - 2AC.AE$$

Le th. précédent donne : $\overline{BF}^2 + \overline{EC}^2 = 4R^2 - 2(AB.AF + AC.AE)$.

$AB = AM + MB$

$AF = AM - MB$

$AB.AF = \overline{AM}^2 - \overline{MB}^2 = \overline{AM}^2 - \dfrac{\overline{BF}^2}{4}$ ; de même $AC.AE = \overline{AN}^2 - \dfrac{\overline{CE}^2}{4}$

d'où $\overline{BF}^2 + \overline{EC}^2 = 4R^2 - 2\overline{AM}^2 + \dfrac{\overline{BF}^2}{2} - 2\overline{AN}^2 + \dfrac{\overline{CE}^2}{2} = 8R^2 - 4\overline{OA}^2$

2^e^ MOYEN. $\overline{BF}^2 = 4\overline{BM}^2 = 4\left(R^2 - \overline{OM}^2\right)$ $\quad \overline{OM}^2 = \overline{OA}^2 - \overline{AM}^2$

$\overline{EC}^2 = 4\overline{NC}^2 = 4\left(R^2 - \overline{ON}^2\right)$ $\quad \overline{ON}^2 = \overline{AM}^2$

$\overline{BF}^2 + \overline{EC}^2 = 8R^2 - 4\left(\overline{OM}^2 + \overline{ON}^2\right)$ $\quad \overline{OM}^2 + \overline{ON}^2 = \overline{OA}^2$

donc $\overline{BF}^2 + \overline{EC}^2 = 8R^2 - 4\overline{OA}^2$.

REMARQUE. Dans ce théorème et le précédent le point A peut être intérieur au cercle.

## 16.

*Lorsque trois cercles se coupent deux à deux, les trois cordes d'intersection se coupent au même point.*

(Fig. 24.) Appliquez la proposition XXXII du livre III, et démontrez par l'absurde.

## 17.

*Si du point* A, *milieu de l'arc* BC, *on mène les deux sécantes*

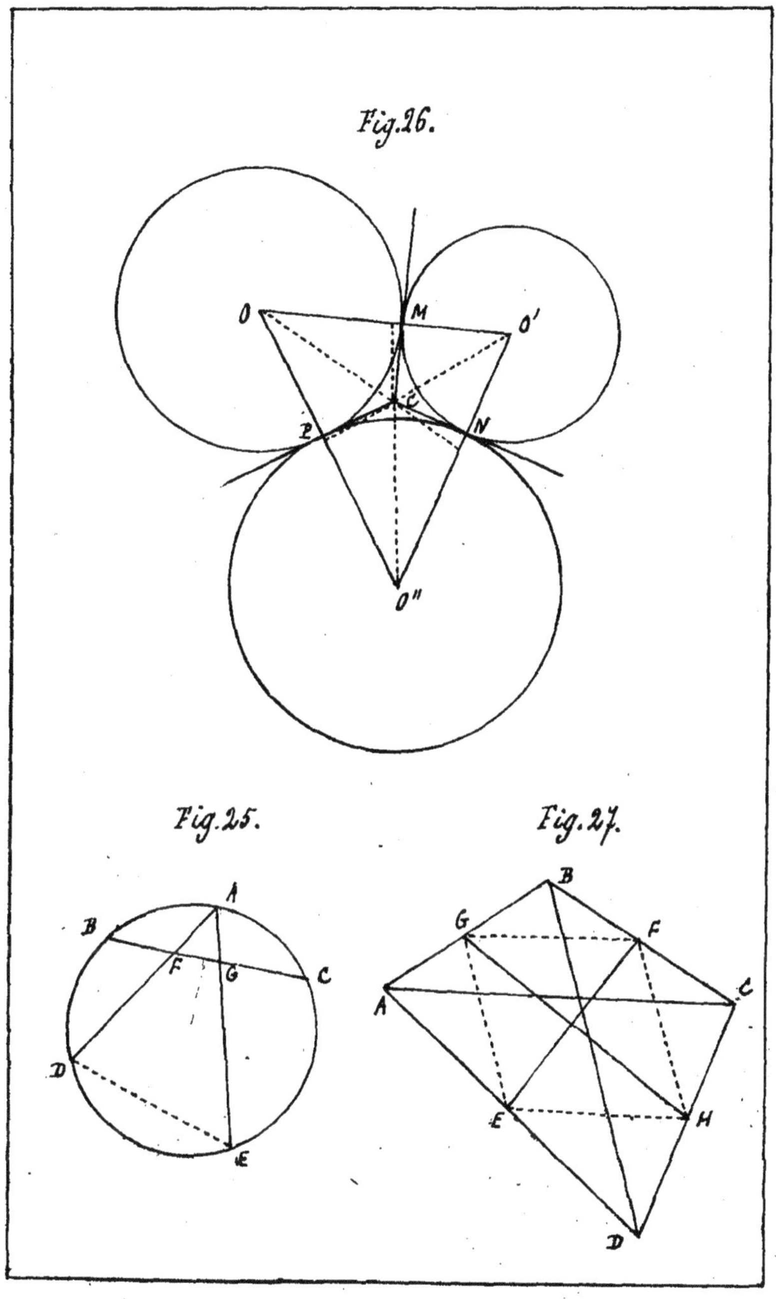


Fig. 26.

Fig. 25.

Fig. 27.

AFD, AGE, *les quatre points* D, F, G, E, *sont sur une même circonférence.*

(Fig. 25.) Le quadrilatère DFGE est inscriptible......

18.

*Lorsque trois cercles sont tangents deux à deux, les tangentes menées aux points de contact se coupent en un même point.*

(Fig. 26.) Si aux points de contact M, N, P, on élève des perpendiculaires, elles vont se couper deux à deux sur les bissectrices du triangle OO'O".

Remarque. Des trois sommets d'un triangle, on peut décrire trois circonférences qui se touchent mutuellement.

19.

*La somme des carrés des diagonales d'un quadrilatère est double de la somme des carrés des lignes qui joignent les milieux des côtés opposés.*

(Fig. 27.) Livre III, proposition XV, corollaire I.

20.

*Dans un triangle on mène une suite de parallèles à la base, et on mène les diagonales de chacun des trapèzes qu'on forme ainsi : prouver que les points de concours des diagonales de ces trapèzes sont sur une droite qui va du sommet au milieu de la base.*

1er moyen. (Fig. 28.) Dans un trapèze ABMN, la ligne HP qui joint les milieux des bases, passe par le point de rencontre des diagonales (Th. 13, 2e moyen). La médiane CP passe par les milieux de toutes les parallèles à la base, donc le point O se trouve sur cette droite.

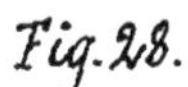

Fig. 28.

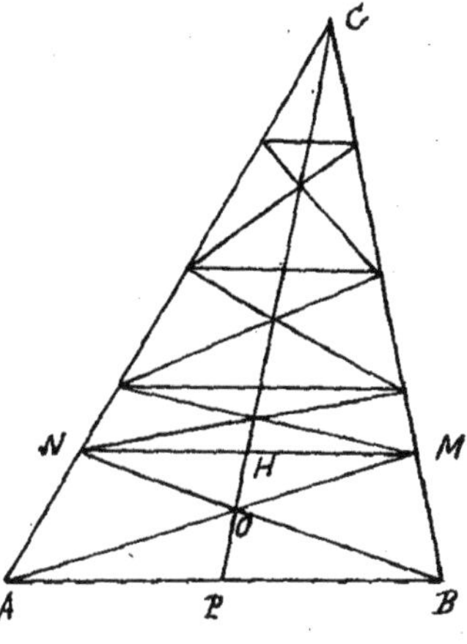


Fig. 29.

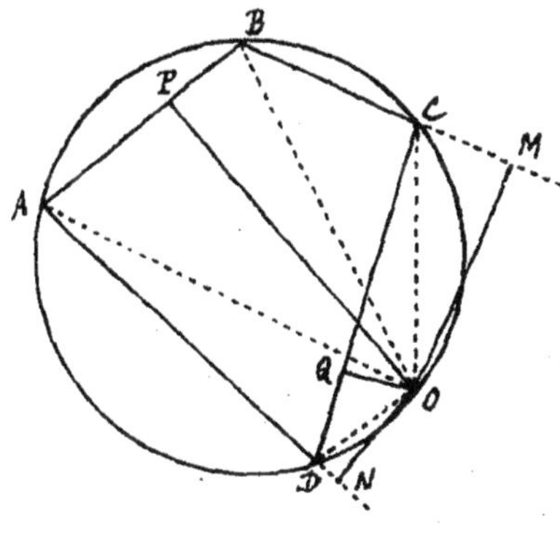

2$^{me}$ MOYEN. (Fig. 28.) Joignez le point O au point C et démontrez que cette droite passe par H et P.

$$(1)\ \frac{AP}{NH}=\left(\frac{CP}{CH}\right)=\frac{PB}{HM} \qquad (2)\ \frac{BP}{NH}=\left(\frac{BO}{NO}\right)=\left(\frac{AO}{OM}\right)=\frac{AP}{MH}$$

Multipliant dans (1) et (2) membre à membre les rapports extrêmes :

$$\frac{AP\times BP}{\overline{NH}^2}=\frac{AP\times BP}{\overline{MH}^2}$$ donc NH=MH et par conséquent AP=PB.

3$^{me}$ MOYEN. (Fig. 28.) Supposez que AB et MN ne soient pas parallèles et soit R leur point de rencontre. Les points H et P sont conjugués harmoniques de R par rapport aux points N et M et aux points A et B, ce qui donne :

$$(1)\ \frac{RN}{RM}=\frac{NH}{HM} \qquad (2)\ \frac{AR}{RB}=\frac{AP}{PB}$$

Si les droites sont parallèles, R est à l'infini et (1) et (2) se réduisent à NH=HM et AP=PB

REMARQUE. La droite CP est un lieu géométrique.

## 21.

*Démontrez que si l'on a un quadrilatère inscrit, le produit des perpendiculaires abaissées d'un point de la circonférence sur deux côtés opposés est égal au produit des perpendiculaires abaissées du même point sur les deux autres côtés.*

(Fig. 29.) Dans le triangle DOC, on a DO.OC=2R.OQ...

## 22.

*Si d'un point pris dans l'intérieur d'un polygone régulier de m côtés, on abaisse des perpendiculaires sur les côtés, la somme de ces perpendiculaires est égale à m fois le rayon du cercle inscrit.*

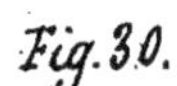


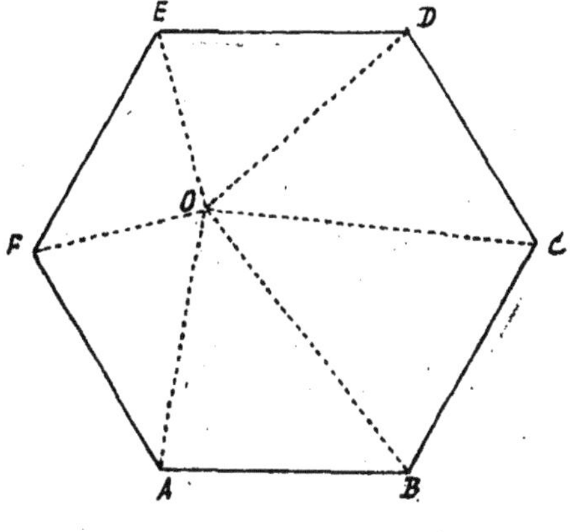


Fig. 31.

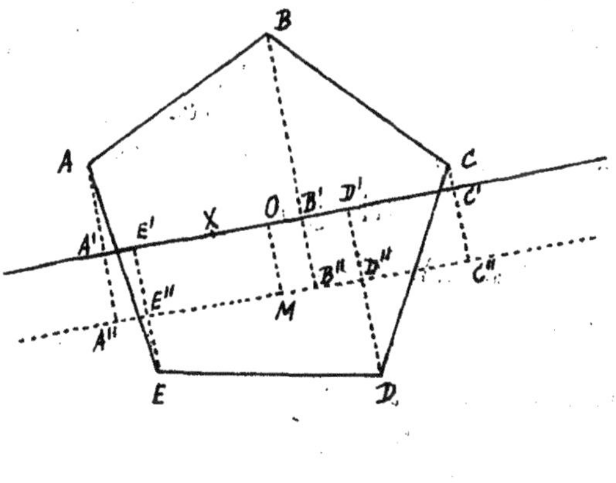

(Fig. 30.) Soit p, p', p", p"',.... les perpendiculaires abaissées du point O.

m. $AB \times \frac{1}{2} r$=surf. polyg. $= \frac{1}{2} AB\,(p+p'+p''+p'''+....)$

d'où $(p+p'+p''+p'''+.....)=m \times r$.

23.

*Si de tous les sommets d'un polygone régulier on abaisse des perpendiculaires sur une droite quelconque passant par le centre, la somme des perpendiculaires qui tombent d'un côté de cette droite est égale à la somme des perpendiculaires qui sont situées de l'autre côté.*

(Fig. 31,) Soit ABCDE un polygone régulier. Supposez que la droite A'C' soit primitivement dans une position parallèle A"C".

Le théorème sur le centre des M.D. donne

$$OM=\frac{1}{5}\left(AA''+BB''+CC''-DD''-EE''\right).$$

Si A"C" devient A'C', l'égalité devient $O=\frac{1}{5}\left(AA'+BB'+CC'-DD'-EE'\right)$. Pour que cette relation puisse subsister il faut que $AA'+BB'+CC'=DD'+EE'$.

Remarque. Le point O est le centre des M. D. des projections A', E', B'.....

On a : $OX=\frac{1}{5}\left(B'X+D'X+C'X-A'X-E'X\right)$. Si la distance OX se réduit au point O lui-même, la somme algébrique des distances A'O, E'O, B'O,..... devient nulle.

24.

*Démontrer que si l'on fait rouler un cercle dans un autre cercle fixe de position et de rayon double, de manière que les*

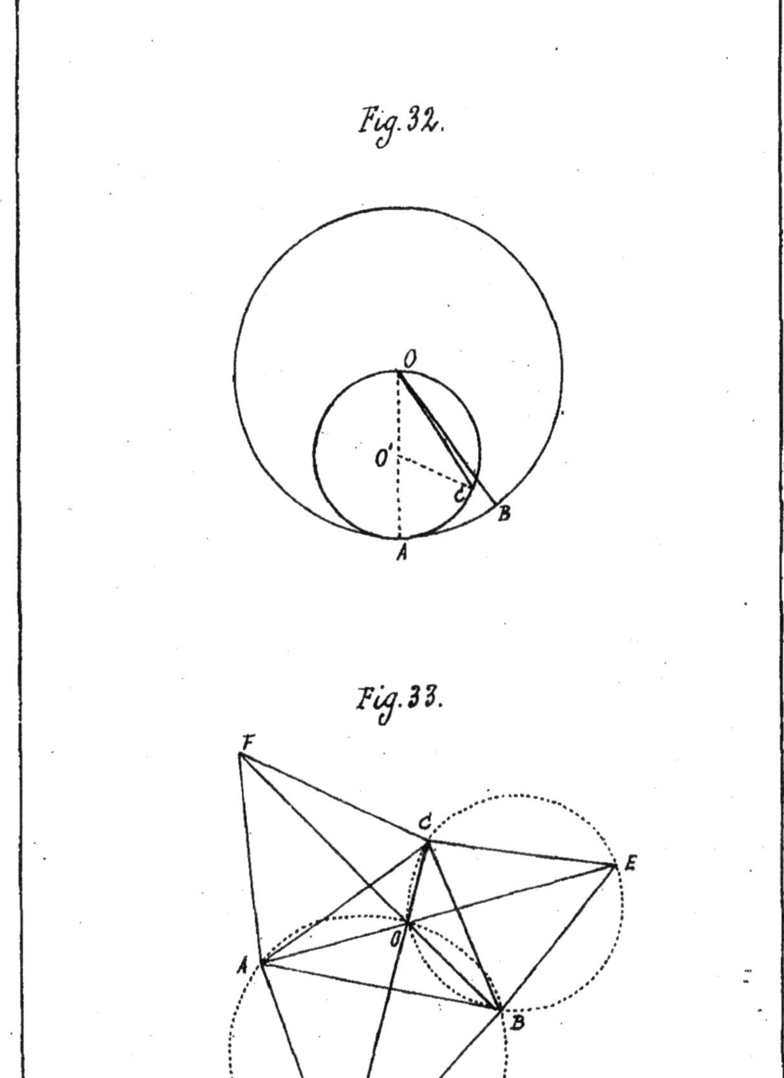
Fig. 32.
O
O'
C
B
A
Fig. 33.
F
C
E
O
A
B
D

*deux cercles soient toujours tangents, un point quelconque du premier cercle décrira dans ce mouvement une ligne droite.*

(Fig. 32.) Ce théorème doit être interprêté comme suit :

Soient deux arcs AB et AC qui, rectifiés, seraient de même longueur. Il faut prouver que les points O, C et B sont en ligne droite, ou que les angles AOC, AOB sont égaux.

Or l'angle AOC est moitié de AO'C et AO'C est bien double de AOB puisqu'il est mesuré par un arc égal dans un cercle de rayon deux fois plus petit. Donc, angle AOC=AOB.

## 25.

*Démontrer que les trois droites qui joignent les sommets d'un triangle aux sommets opposés des triangles équilatéraux construits sur les trois côtés se coupent en un même point.*

(Fig. 33). Circonscrivez des circonférences aux triangles CEB, ABD. Elles se coupent en O; joignez O aux points C, E, B, D, A, F.

La circonférence circonscrite au triangle AFC passera par O; car l'angle COB=2 dr—CEB $= \frac{4}{3}$ l'angle AOB $= \frac{4}{3}$, donc COA = 4 dr — (COB + AOB) $= \frac{4}{3}$ et FCOA est inscriptible.

Autour du point O se trouve 6 angles égaux chacun à $\frac{2}{3}$, d'où COE + EOB + BOD = 2 dr, donc COD est une ligne droite.

Remarque. 1° Les droites FB, AE, CD, sont égales; 2° les côtés du triangle ABC sont vus du point O sous des angles égaux.

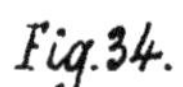


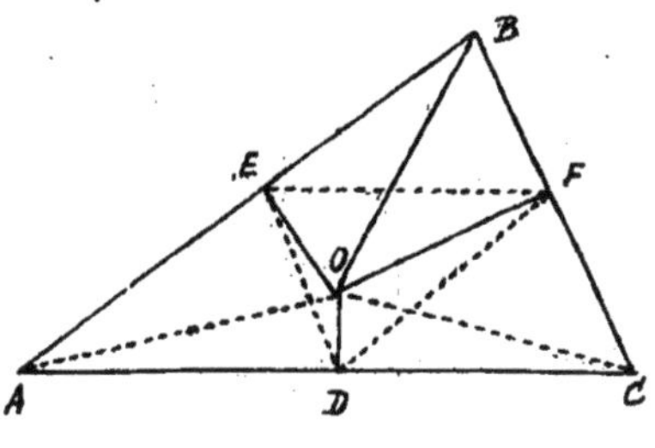


Fig. 35.

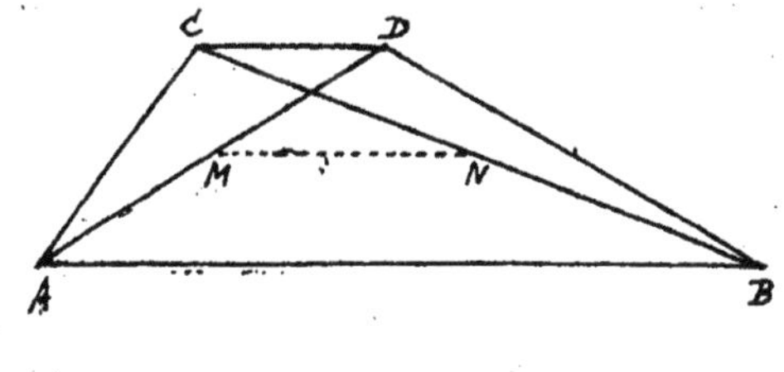

## 26.

*Démontrer que la somme des perpendiculaires abaissées sur les côtés d'un triangle du centre du cercle circonscrit est égale au rayon du cercle circonscrit, plus au rayon du cercle inscrit.*

(Fig. 34.) Les quadrilatères inscriptibles EOFB, DOFC, AEOD, donnent :

$$R.\frac{AC}{2} = OE.\frac{BC}{2} + OF.\frac{AB}{2}$$

$$R.\frac{AB}{2} = OF.\frac{AC}{2} + OD.\frac{BC}{2}$$

$$R.\frac{BC}{2} = OD.\frac{AB}{2} + OE.\frac{AC}{2}$$

$$(1)\ R\left(\frac{AC}{2} + \frac{AB}{2} + \frac{BC}{2}\right) = OE\left(\frac{BC}{2} + \frac{AC}{2}\right) + OF\left(\frac{AB}{2} + \frac{AC}{2}\right) + OD\left(\frac{BC}{2} + \frac{AB}{2}\right)$$

$$(2)\ EO.\frac{AB}{2} + OF.\frac{BC}{2} + OD.\frac{AC}{2} = \text{Surf. } ABC = r\left(\frac{AB}{2} + \frac{AC}{2} + \frac{BC}{2}\right)$$

(1) et (2) donnent :

$$(3)\ R.\frac{S}{r} = OE\left(\frac{S}{r} - \frac{AB}{2}\right) + OF\left(\frac{S}{r} - \frac{BC}{2}\right) + OD\left(\frac{S}{r} - \frac{AC}{2}\right)$$

Composant (3) il vient : $R + r = OE + OF + OD$

## 27.

*Démontrer que dans un trapèze, la somme des carrés des diagonales est égale à la somme des carrés des côtés opposés non parallèles, plus deux fois le rectangle des bases parallèles.*

1er MOYEN. (Fig. 35.) Liv. III, prop. X.

(On démontre aisément que $MN = \frac{AB - CD}{2}$.)

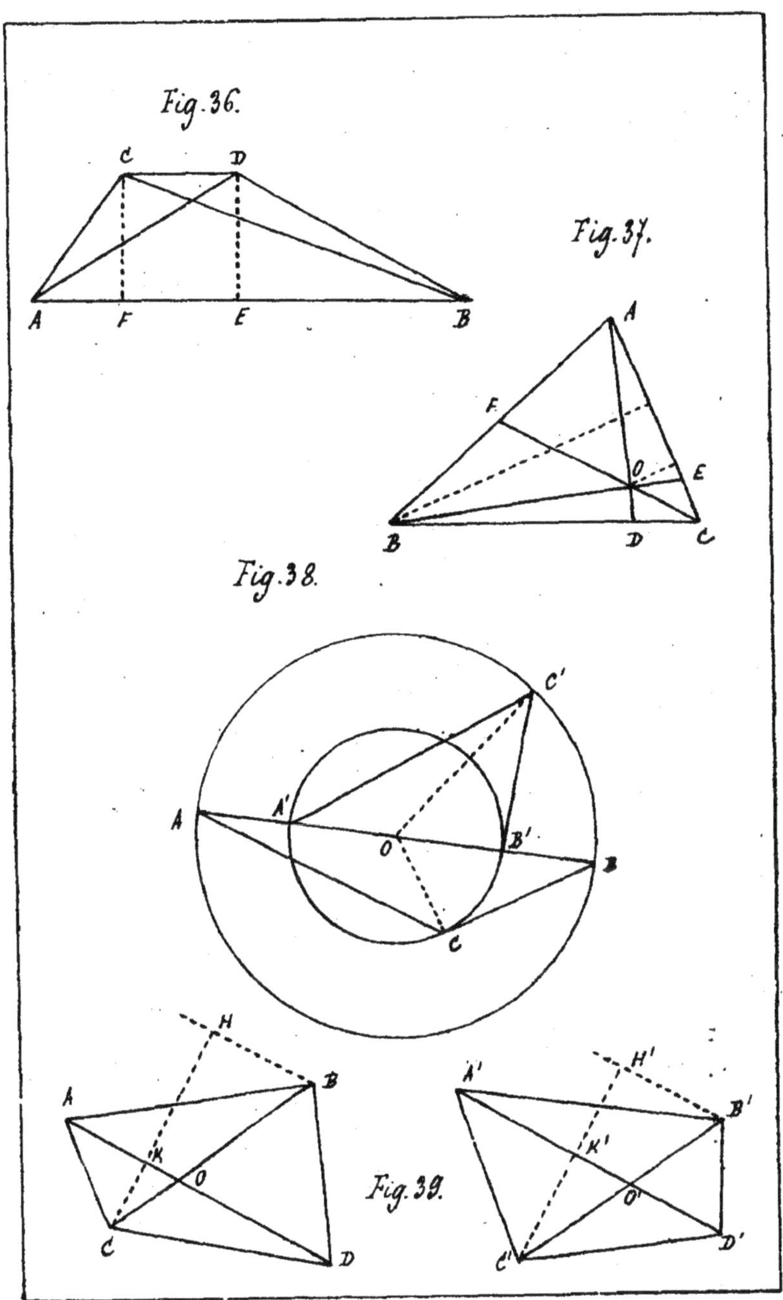
Fig. 36.
C
D
A
F
E
B
Fig. 37.
A
F
O
E
B
D
C
Fig. 38.
C'
A'
A
O
B'
B
C
H
B
A
K
O
C
D
Fig. 39.
A'
H'
B'
K'
O'
C'
D'

2^me^ MOYEN. (Fig. 36.) $\overline{AD}^2 = \overline{DB}^2 + \overline{AB}^2 - 2AB.EB$

$$\overline{CB}^2 = \overline{AC}^2 + \overline{AB}^2 - 2AB.AF$$

$$\overline{AD}^2 + \overline{CB}^2 = \overline{DB}^2 + \overline{AC}^2 + 2\overline{AB}^2 - 2AB(EB+AF) =$$

$$\overline{DB}^2 + \overline{AC}^2 + 2\overline{AB}^2 - 2AB(AB-CD) = \overline{DB}^2 + \overline{AC}^2 + 2AB.CD$$

28.

*Démontrez que si, dans un triangle* ABC, *trois droites pa tant des sommets se coupent en un même point* O, *on a :*

(Fig. 37.)
$$\frac{OD}{AD} + \frac{OE}{BE} + \frac{OF}{CF} = 1.$$

$$\frac{\text{tr. }AOC}{\text{tr. }ABC} = \frac{h}{H} = \frac{OE}{BE}, \text{ d'où : } \frac{AOC}{ABC} = \frac{OE}{BE}, \frac{BOC}{ABC} = \frac{OD}{AD}, \frac{AOB}{ABC} = \frac{OF}{CF}$$

$$\frac{OE}{BE} + \frac{OD}{AD} + \frac{OF}{CF} = \frac{AOC+BOC+AOB}{ABC} = 1.$$

29.

*Deux circonférences concentriques étant données, prouver que la somme des carrés des distances d'un point quelconque de l'une des circonférences aux extrémités d'un diamètre de l'autre est constante.*

(Fig. 38.) Liv. III. prop. XIV.

30.

*Deux quadrilatères sont équivalents lorsque leurs diagonales sont égales et forment entr'elles des angles égaux.*

(Fig. 39.) Menez les parallèles BH, B'H'; abaissez les perpendiculaires CH, C'H'.

$$ABDC = ADC + ADB = \frac{AD}{2}.CK + \frac{AD}{2}.KH = \frac{AD}{2}.CH$$

$$A'B'D'C' = A'D'C' + A'D'B' = \frac{A'D'}{2}.C'K' + \frac{A'D'}{2}.K'H' = \frac{A'D'}{2}.C'H'$$

Les triangles CHB, C'H'B', sont égaux, donc ABDC <> A'B'D'C'.

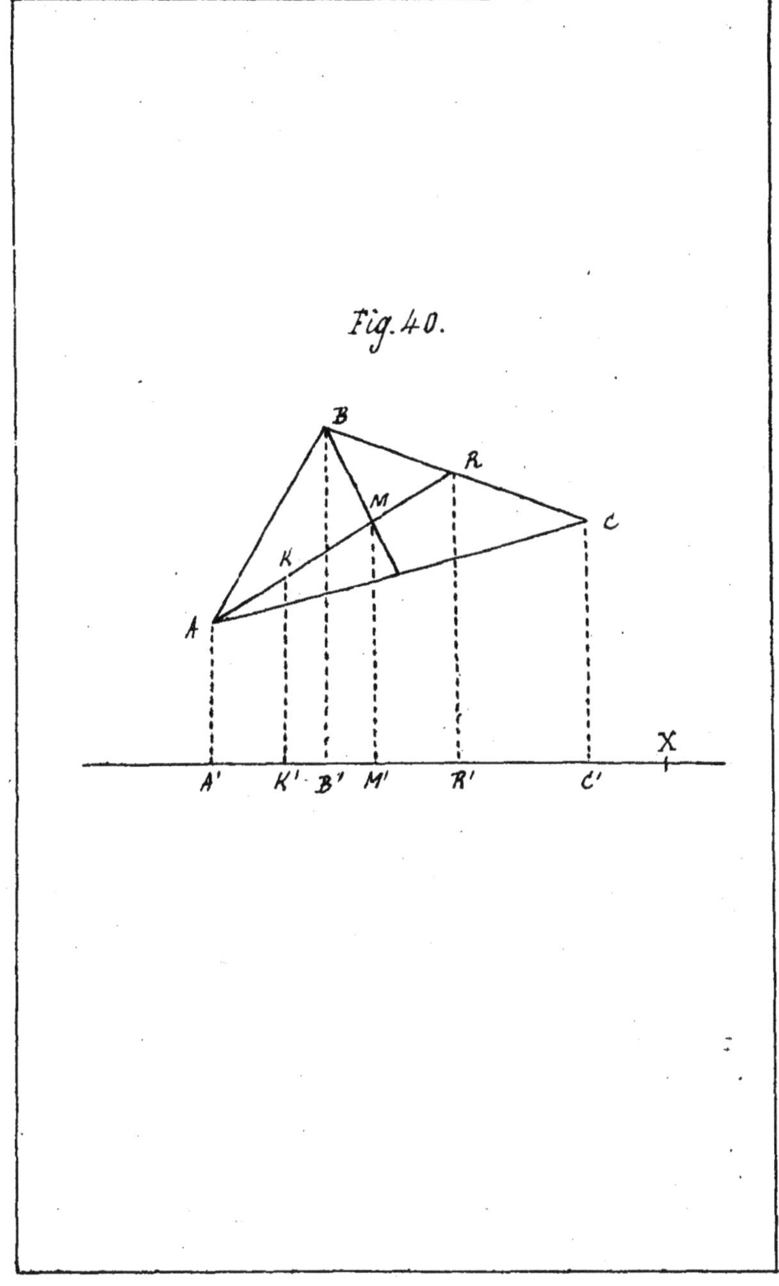
Fig. 40.
B
R
M
C
K
A
X
A'
K'
B'
M'
R'
C'

# Centre des M. D.

Le *centre des moyennes distances* d'un système de points est le point unique dont la distance à une droite quelconque est égale à la moyenne arithmétique des distances de tous ces points à la droite.

Pour obtenir cette moyenne, il faut diviser par le nombre de points la somme algébrique de leurs distances à la droite, en y considérant comme *positives* les valeurs des distances qui tombent d'un même côté de la droite, et comme *négatives* les valeurs des distances qui tombent du côté opposé. Quand toutes les distances tombent d'un même côté de la droite, leur somme algébrique devient identique à leur somme arithmétique.

Il résulte de cette définition que quand tous les points donnés sont sur une même droite, leur centre des M. D. est aussi sur cette droite, et que pour en fixer la position, il suffira de les rapporter à un point quelconque pris sur cette droite. En prenant la moyenne de leurs distances au point, on obtient la valeur positive ou négative du centre des M. D. au même point; ce qui en assigne toujours la position sans ambiguïté.

**Th.**

*Le centre des* M. D. *d'un triangle est le point d'intersection des médianes.*

1er CAS. (Fig. 40.) Soit le triangle ABC et K le milieu de AM.

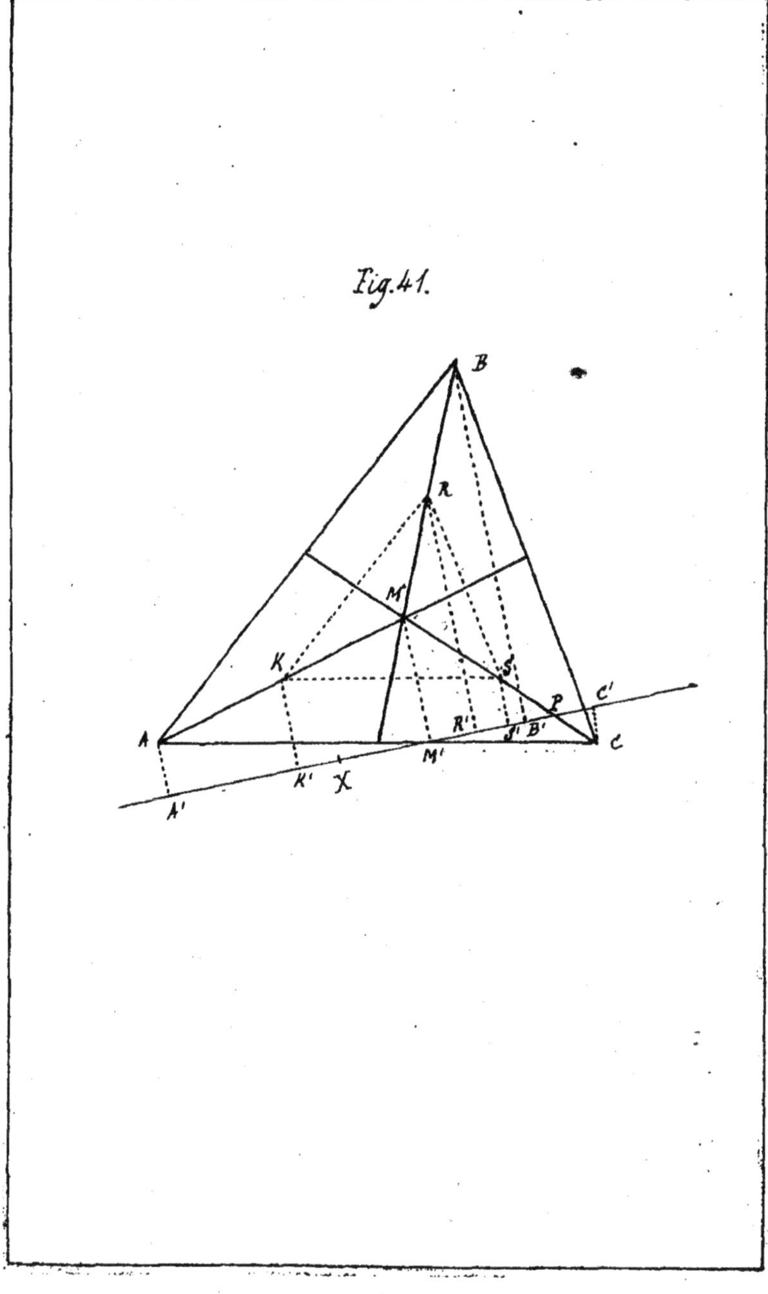


Fig. 41.

$$KK' = \frac{AA'+MM'}{2}$$

$$RR' = \frac{BB'+CC'}{2}$$

$$MM' = \frac{KK'+RR'}{2} = \frac{AA'+MM'+BB'+CC'}{4} = \frac{AA'+BB'+CC'}{3}$$

2$^{me}$ CAS. (Fig. 41.) Soient K, R. S, les milieux des segments AM, BM, CM.

$$(1)\ KK' = \frac{AA'+MM'}{2}$$

$$(2)\ RR' = \frac{BB'+MM'}{2}$$

$$(3)\ SS' = \frac{MM'-CC'}{2}$$

$$MM' = \frac{KK'+RR'+SS'}{3} = \frac{AA'+MM'+BB'+MM'+MM'-CC'}{6}$$

$$MM' = \frac{AA'+BB'-CC'}{3}$$

L'égalité (3) se vérifie comme suit :

$$\frac{SS'}{SP} = \frac{MM'}{\frac{MC}{2}+SP} \text{ et } \frac{SS'}{SP} = \frac{CC'}{\frac{MC}{2}-SP} \text{ donc } \frac{MM'}{\frac{MC}{2}+SP} = \frac{CC'}{\frac{MC}{2}-SP}$$

$$\text{D'où } \frac{MM'-CC'}{2SP} = \frac{SS'}{SP} \text{ ou } \frac{MM'-CC'}{SP} = \frac{2SS'}{SP}$$

$$\text{et par suite } SS' = \frac{MM'-CC'}{2}$$

REMARQUE. I. Si l'on considère les projections des points M, A, B, C, le point M' est le centre des M. D. des points A', B', C'. En les rapportant à un point X, on a :

$$\text{(Fig. 40.) } M'X = \frac{1}{3}(A'X+B'X+C'X),$$

$$\text{et, (Fig. 41.) } M'X = \frac{1}{3}(B'X+C'X-A'X).$$

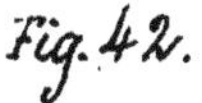

Fig. 42.

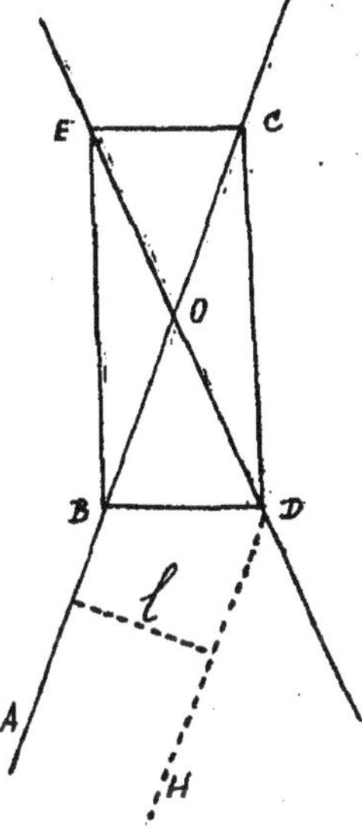

Remarque II. Tout triangle ayant un centre des M. D., tout système de points (polygone) en admet un aussi.

Pour trouver ce centre on décompose le polygone en triangles t, t', t".... en joignant l'un des sommets du polygone à tous les autres. Soient g, g', g".... les centres des M. D. des triangles ; on joint gg' que l'on partage en un point M dans le rapport inverse des triangles t et t', on joint Mg" que l'on partage en M' en deux parties dans le rapport inverse (t+t') et t", et ainsi de suite. Le dernier point de division est le centre des M. D. du polygone.

Tout système de points n'admet qu'un centre des M. D. S'il y en avait deux, ces deux centres seraient également distants d'une droite quelconque, ce qui est absurde.

Remarque III. Le centre des M. D. d'un polygone régulier est le centre de figure de ce polygone ; car tout axe de symétrie contient évidemment le centre des M. D. et les axes de symétrie se coupent au centre de figure.

---

# LIEUX GÉOMÉTRIQUES.

## 1.

*Trouver le lieu des points tels que la somme des distances de chacun d'eux à deux droites données soit égale à une ligne donnée.*

(Fig. 42.) Soient AC, DE, les droites données. Menez parallèlement à AC et distant de la longueur *l*, la droite DH ; prenez OB = OD. Tous les points de la base BD du triangle isocèle BOD sont des points du lieu.

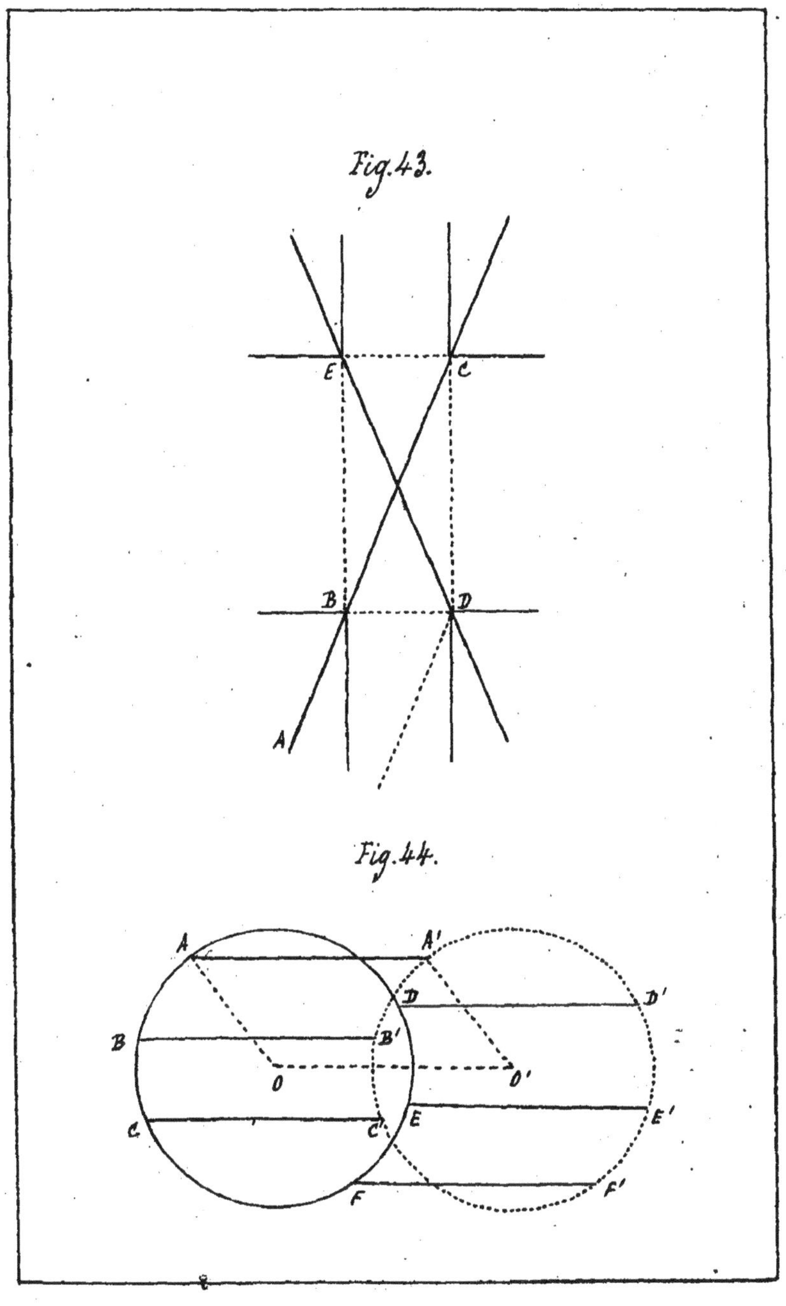
Fig. 43.
E
C
B
D
A
Fig. 44.
A
A'
D
D'
B
B'
O
O'
C
C'
E
E'
F
F'

On reconnaît aisément que le lieu géométrique complet, est le périmètre du rectangle BECD.

Les droites données sont parallèles ?

2.

*Trouver le lieu des points tels que la différence des distances de chacun d'eux à deux droites données soit égale à une ligne donnée.*

(Fig. 43.) Ayant construit comme ci-dessus avec la longueur donnée le rectangle BECD, on vérifie sans difficulté que le lieu demandé se compose des prolongements des côtés du rectangle.

Les droites données sont parallèles?

3.

*Lieu géométrique des centres des cercles passant par deux points donnés.*

4.

*Lieu géométrique des centres des cercles d'un rayon donné et tangents à une droite donnée.*

5.

*Lieu géométrique des centres des cercles d'un rayon donné et tangents à un cercle donné.*

6.

*Par tous les points d'une circonférence on mène des droites parallèles entr'elles, et on prend sur chacune une longueur donnée : trouver le lieu des extrémités de toutes ces droites.*

(Fig. 44.) Les points A', B', C',.... sont des points du lieu, tous situés à égale distance du point O'. Le lieu est donc une circonférence.

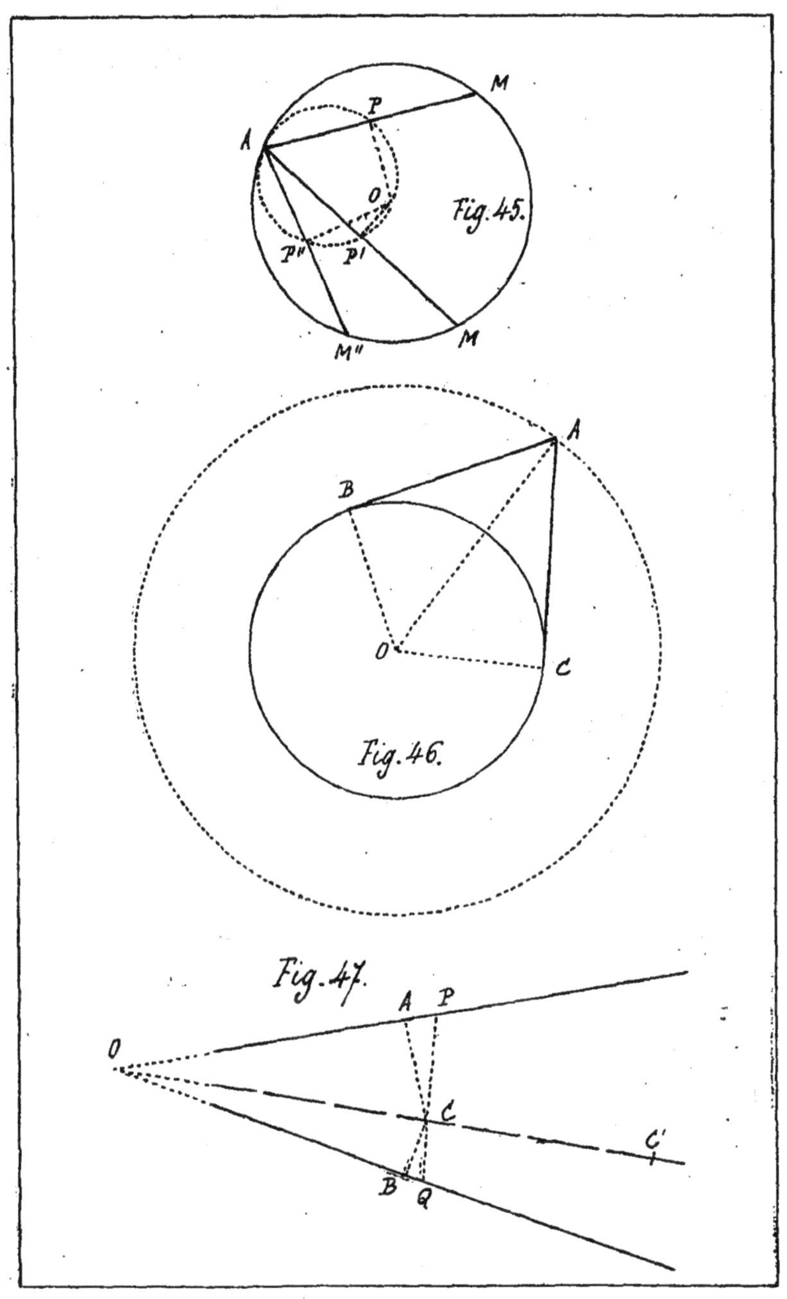


Fig. 45.

Fig. 46.

Fig. 47.

7.

*Trouver le lieu des milieux des cordes d'un cercle passant toutes par un point donné.*

(Fig. 45.) Le lieu des points P, P', P" est une circonférence.

Le point A peut être à l'intérieur ou à l'extérieur du cercle.

8.

*Trouver le lieu des points d'où les tangentes menées à un cercle se coupent sous un angle donné.*

(Fig. 46.) Soit A un point du lieu tel que BAC=a.

L'angle BOC=(2 dr.—a) ; construisez ce dernier et menez par B et C des tangentes.

Le lieu demandé sera la circonférence de rayon OA.

9.

*Trouver le lieu des points tels que les pieds des perpendiculaires abaissées de chacun d'eux sur les trois côtés d'un triangle soient en ligne droite.*

Voir le théorème 10.

10.

*Trouver le lieu des points dont les distances à deux droites sont dans un rapport donné.*

(Fig. 47.) Soit C un point du lieu tel que $\frac{CA}{CB} = \frac{m}{n}$.

Si par C vous menez PQ de manière à former le triangle isocèle OPQ, les triangles CAP, BCQ, donnent : $\frac{CA}{CB} = \frac{CP}{CQ}$. Le point C de la base est donc déterminé de position par la relation $\frac{CP}{CQ} = \frac{m}{n}$.

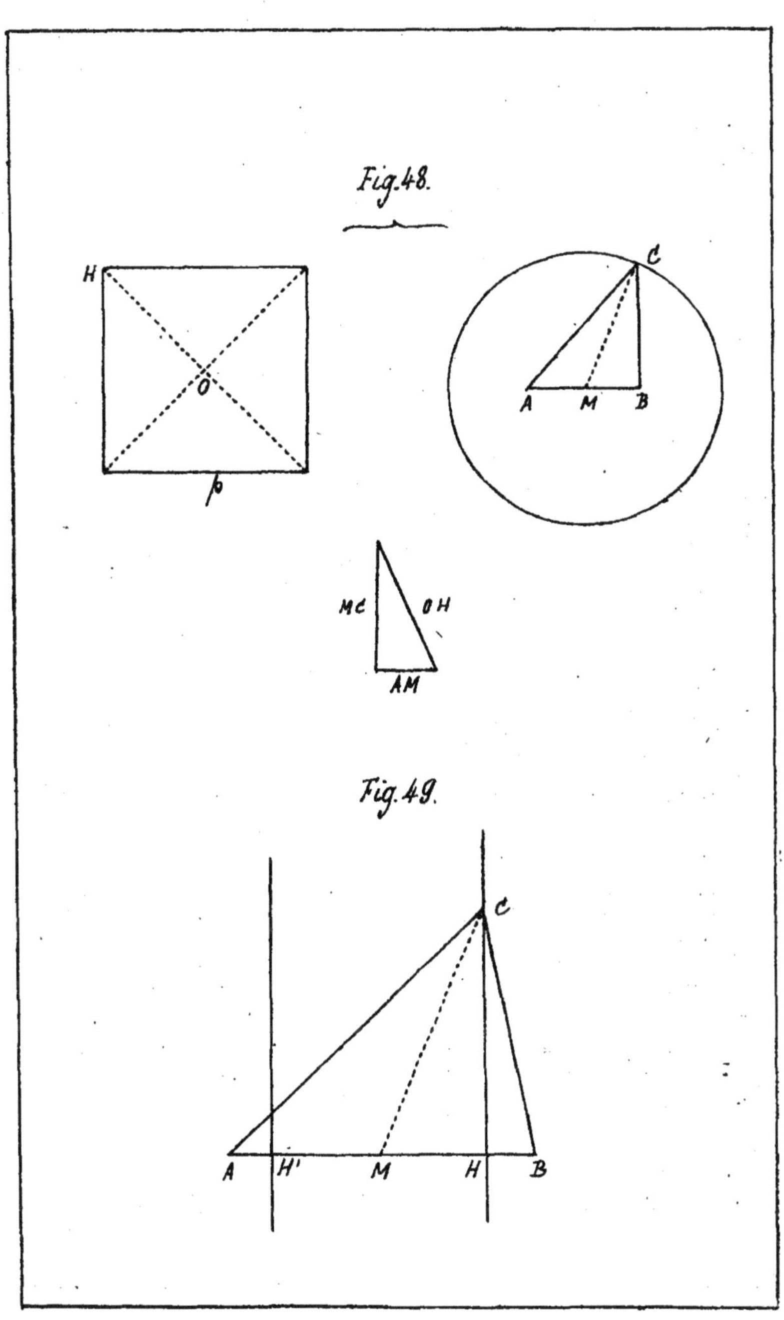
Fig. 48.
H
O
p
C
A
M
B
MC
OH
AM
Fig. 49.
C
A
H'
M
H
B

Tout autre point de la droite OC jouit de la même propriété que le point C, donc OC est le lieu demandé.

11.

*Trouver le lieu des points tels que la somme ou la différence des carrés de leurs distances à deux points donnés soit égale à un carré donné.*

Premier cas. Somme des carrés des distances.

(Fig. 48.) Soit C un point du lieu tel que $\overline{AC}^2 + \overline{CB}^2 = p^2$.

Joignez AB et menez la médiane CM : $\overline{AC}^2 + \overline{CB}^2 = 2\,\overline{AM}^2 + 2\,\overline{CM}^2$ d'où $2\,\overline{AM}^2 + 2\,\overline{CM}^2 = p^2$, et $MC = \sqrt{\frac{p^2}{2} - \overline{AM}^2}$ ; donc le lieu est une circonférence de centre M et de rayon MC.

Remarque. Si l'on tire les diagonales du carré $p^2$, l'on a :

$$p^2 = 2\,\overline{OH}^2 \text{ ou } \frac{p^2}{2} = \overline{OH}^2, \quad \text{donc } \overline{MC}^2 = \overline{OH}^2 - \overline{AM}^2.$$

Cette dernière relation montre que l'on peut construire MC et que pour avoir un problème possible il faut $OH > AM$.

2^me^ cas. Différence des carrés des distances.

(Fig. 49.) Soit C un point du lieu tel que $\overline{AC}^2 - \overline{CB}^2 = p^2$.

Tirez la médiane et la hauteur. On sait que $\overline{AC}^2 - \overline{CB}^2 = 2\,AB.MH$ (Cette propriété se vérifie aisément : liv. III, prop. XII et XIII), donc $p^2 = 2\,AB.MH$ et $MH = \frac{p^2}{2\,AB}$.

A droite et à gauche de M, prenez $MH = MH' = \frac{p^2}{2\,AB}$; les perpendiculaires à AB menées par H et H' formeront le lieu géométrique.

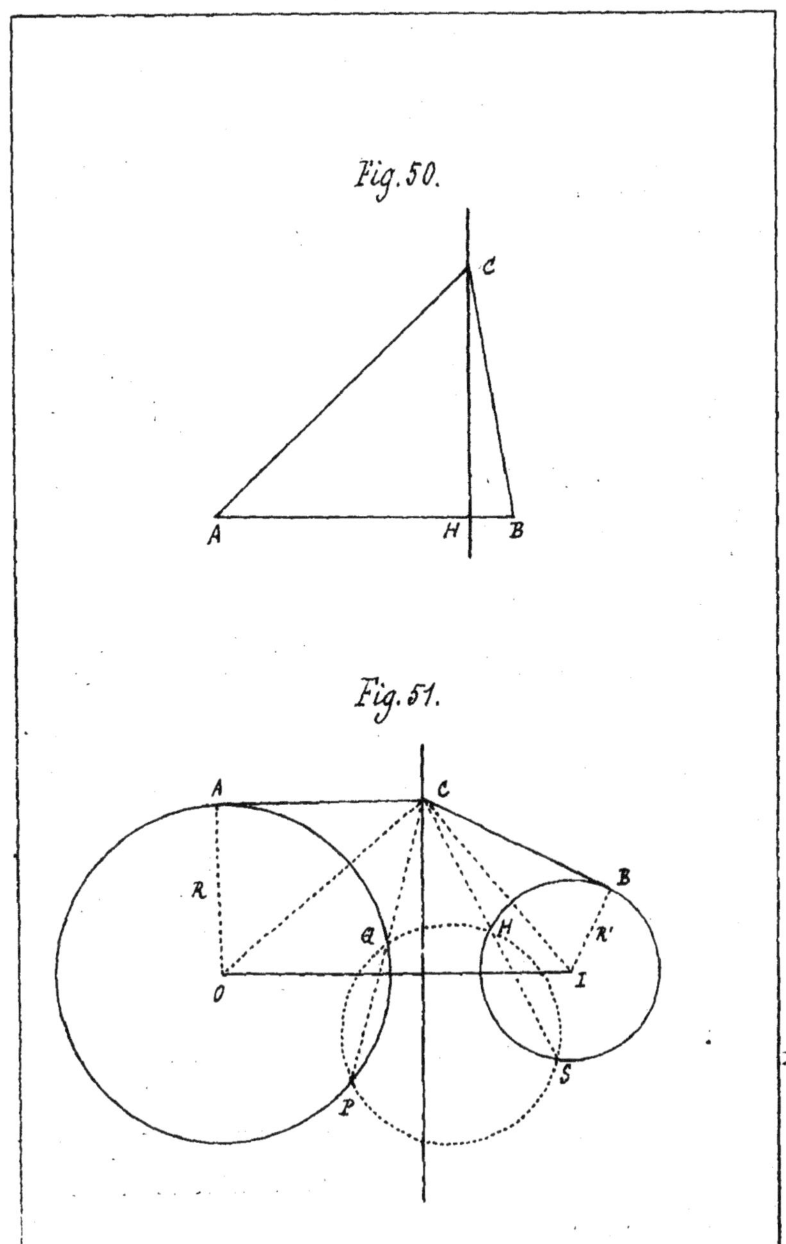
Fig. 50.
C
A
H
B
Fig. 51.
A
C
B
R
Q
H
R'
O
I
S
P

On peut dire aussi : (Fig. 50.) Soit C un point du lieu tel que $\overline{AC}^2 - \overline{CB}^2 = p^2$.

Abaissez CH perpendiculaire sur AB :

$$\overline{AC}^2 = \overline{CH}^2 + \overline{AH}^2$$

$$\overline{CB}^2 = \overline{CH}^2 + \overline{HB}^2$$

$$\overline{AC}^2 - \overline{CB}^2 = \overline{AH}^2 - \overline{HB}^2 = p^2 \qquad \text{d'où} \left\{ \begin{array}{l} AH - HB = \dfrac{p^2}{AB} \\ AH + HB = AB \end{array} \right.$$

Ces deux relations fixent la position du point H. Le lieu est donc une perpendiculaire à AB, dont on trouve facilement un point H.

## 12.

*Etant donnés deux cercles, trouver le lieu des points tels que les tangentes tirées de ces points aux deux cercles soient égales.*

Il y a cinq cas.

1° Les cercles sont extérieurs l'un à l'autre.

(Fig. 51.) Soit C un point du lieu tel que AC = CB. Les triangles AOC, IBC, donnent :

$$\overline{OC}^2 = \overline{AC}^2 + R^2, \overline{IC}^2 = \overline{CB}^2 + R'^2 \text{ d'où } \overline{CO}^2 - \overline{IC}^2 = R^2 - R'^2 \quad (1)$$

(1) indique (2$^{me}$ cas du lieu n° 11) que le lieu est une perpendiculaire sur OI.

REMARQUE I. Une construction fort simple peut servir pour la détermination de ce lieu géométrique.

Décrivez une circonférence quelconque coupant les cercles donnés en P, Q, H, S ; menez les cordes communes PQ, HS, qui vont se couper en un point C du lieu.

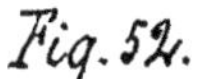

Fig. 52.

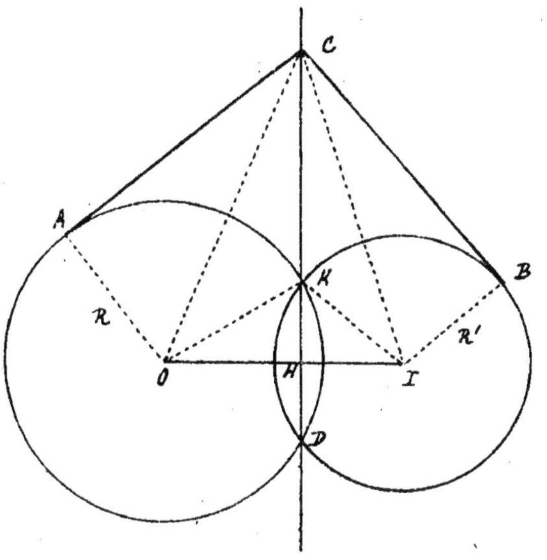

En effet $\overline{CA}^2 = CP.CQ$, $\overline{CB}^2 = CS.CH$ et $CP.CQ = CS.CH$ donc $CA = CB$. Il suffit alors d'abaisser une perpendiculaire sur OI.

2° Les cercles sont intérieurs l'un à l'autre.

La construction indiquée ci-dessus détermine également un point du lieu, et en abaissant de ce point une perpendiculaire sur la ligne des centres, on obtient le lieu en question.

3° Les cercles se coupent.

(Fig. 52.) Soit C un point du lieu. Les triangles AOC, CIB, donnent $\overline{OC}^2 = \overline{AC}^2 + R^2$, $\overline{IC}^2 = \overline{CB}^2 + R'^2$ d'où $\overline{OC}^2 - \overline{IC}^2 = R^2 - R'^2$.

Joignez OK, KI, tirez la corde commune KD; il vient : $\overline{OH}^2 = R^2 - \overline{KH}^2$, $\overline{HI}^2 = R'^2 - \overline{KH}^2$, d'où $\overline{OH}^2 - \overline{HI}^2 = R^2 - R'^2$, donc le point de rencontre H de la corde commune avec la ligne des centres est un point du lieu. La corde commune est donc le lieu cherché, car un point quelconque C de cette corde satisfait à la question. En effet $\overline{CA}^2 = CD.CK$, $\overline{CB}^2 = CD.CK$ donc $CA = CB$.

4° et 5°. Lorsque les cercles se touchent, soit intérieurement soit extérieurement le lieu demandé est la tangente commune.

Remarque II. Ce lieu géométrique est appelé *axe radical* des circonférences.

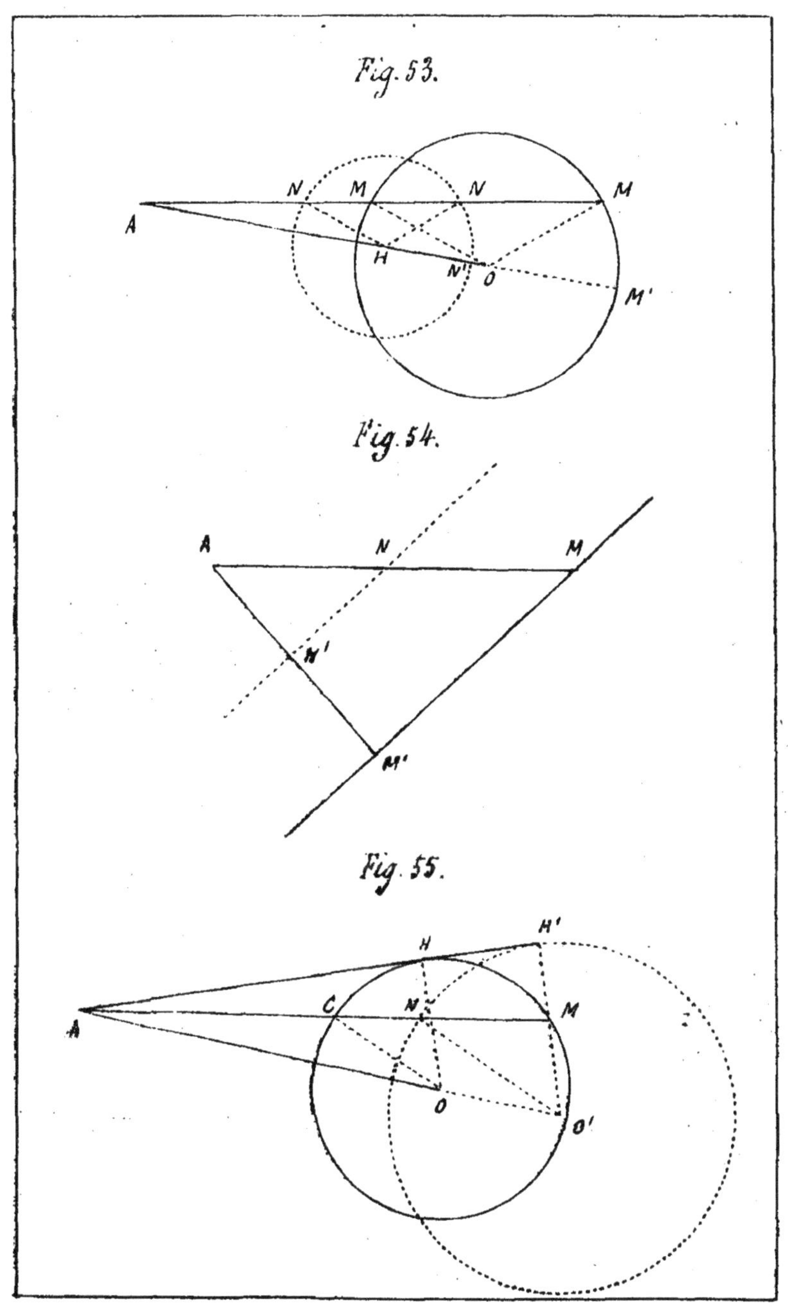
Fig. 53.
N
M
N
M
A
H
N'
O
M'
Fig. 54.
A
N
M
N'
M'
Fig. 55.
H
H'
C
N
M
A
O
O'

13.

*On mène par un point* A *une droite* AM *terminée à la circonférence* O, *et on divise cette droite au point* N, *de sorte qu'on ait* $\frac{AM}{AN}=\frac{m}{n}$: *trouver le lieu des points* N.

(Fig. 53.) On a $\frac{AM}{AN}=\frac{m}{n}$. Joignez AO, OM, et par N menez une parallèle à MO.

(1) $\frac{AM}{AN}=\frac{AO}{AH}=\frac{m}{n}$ (2) $\frac{AO}{AH}=\frac{OM}{HN}=\frac{m}{n}$

(1) Sert à faire connaître la position du point H, (2) à déterminer la longueur HN.

Construction. Divisez AO au point H dans le rapport $\frac{m}{n}$, par O menez OM quelconque, joignez AM, menez HN parallèle au rayon, et décrivez la circonférence de centre H et de rayon HN qui sera le lieu demandé.

*Résoudre le même problème en remplaçant la circonférence par une ligne droite.*

(Fig. 54.) Soit N un point du lieu tel que $\frac{AM}{AN}=\frac{m}{n}$

Menez la perpendiculaire AM' et du point N une parallèle à la droite, il vient : $\frac{AM}{AN}=\frac{AM'}{AN'}=\frac{m}{n}$; NN' est la ligne cherchée.

14.

*Ayant mené par le point donné* A, *la droite* AM *terminée à la circonférence* O, *on prend sur cette droite un point* N *tel que* $AM.AN=K^2$ : *trouver le lieu des points* N.

(Fig. 55.) Par A menez la tangente AH, construisez H' de manière que $AH'.AH=K^2\left(AH'=\frac{K^2}{AH}\right)$, joignez OH; par

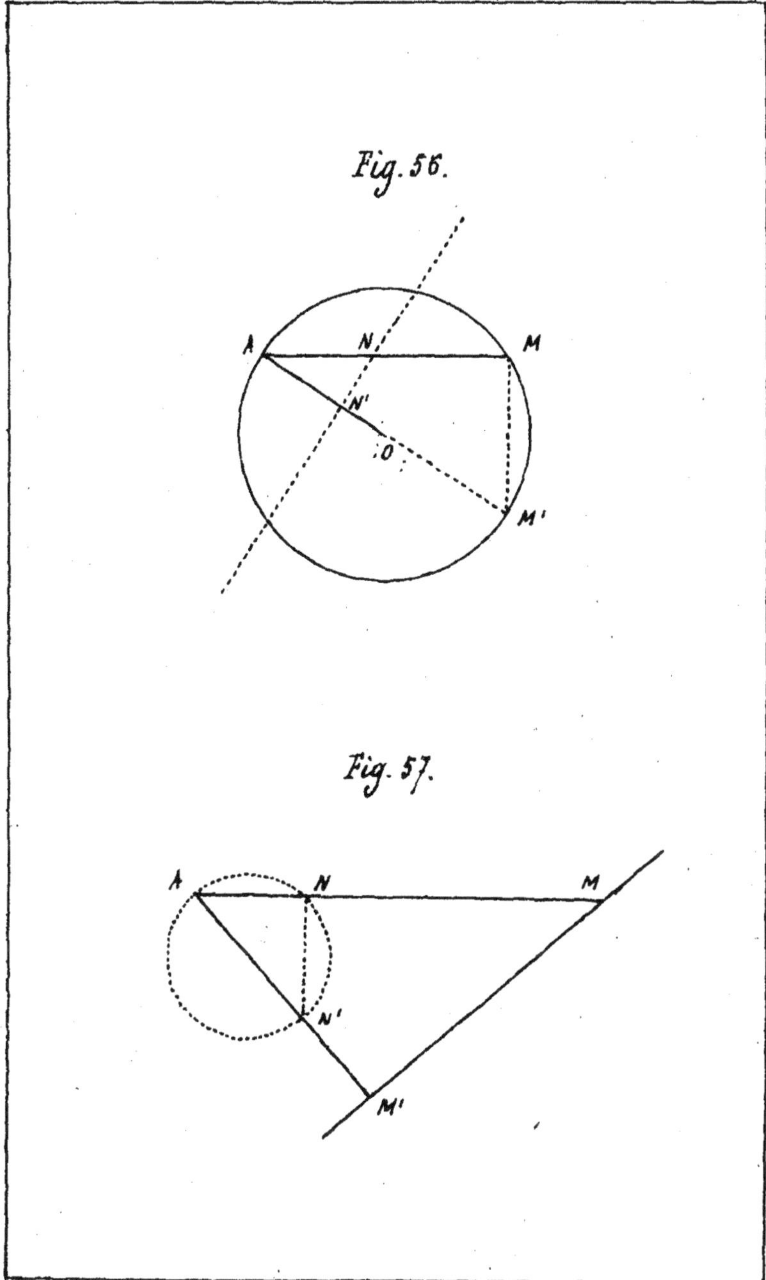
Fig. 56.
A
N
M
N'
O
M'
Fig. 57.
A
N
M
N'
M'

H' menez H'O' parallèle; joignez OC et par O' menez O'N parallèle : Démontrez que O'N = O'H' et que AM.AN = K².

$\frac{AN}{AC} = \frac{AO'}{AO} = \frac{AH'}{AH}$ et $\frac{O'N}{OC} = \frac{AO'}{AO} = \frac{O'H'}{OH}$; or OC = OH, donc O'N = O'H'.

$AN = \frac{AH'.AC}{AH}$, d'où $AN.AM = \frac{AH'.AM.AC}{AH} = \frac{AH'.\overline{AH}^2}{AH}$ donc AN.AM = AH'.AH = K².

Le lieu cherché est donc le cercle décrit de O' comme centre avec O'H' comme rayon, O'H' étant perpendiculaire à AH'.

Autre cas. Le point A est sur la circonférence.

(Fig. 56.) Soit N un point du lieu tel que AM.AN = K².

Abaissez NN' perpendiculaire sur le diamètre, tirez MM'.

Les triangles ANN', AMM', donnent $\frac{AM}{AN'} = \frac{AM'}{AN}$, d'où AM.AN = AM'AN' = K². Donc N' est un point du lieu.

*Résoudre le même problème en remplaçant la circonférence par une ligne droite.*

(Fig. 57.) Soit N tel que AM.AN = K².

Tirez la perpendiculaire AM'. Construisez N' de manière que AM'.AN' = K², joignez NN'. On conclut que AM.AN = AM'AN' ou $\frac{AM}{AM'} = \frac{AN'}{AN}$ et par suite que les triangles AM'M, AN'N sont semblables, donc l'angle ANN' est droit.

Le lieu est donc une circonférence de rayon $\frac{AN'}{2}$

15.

*Par un point* A, *on mène une ligne* AB *terminée à la droite donnée* XY; *on mène* AC *telle que l'angle* BAC *soit égal à un*

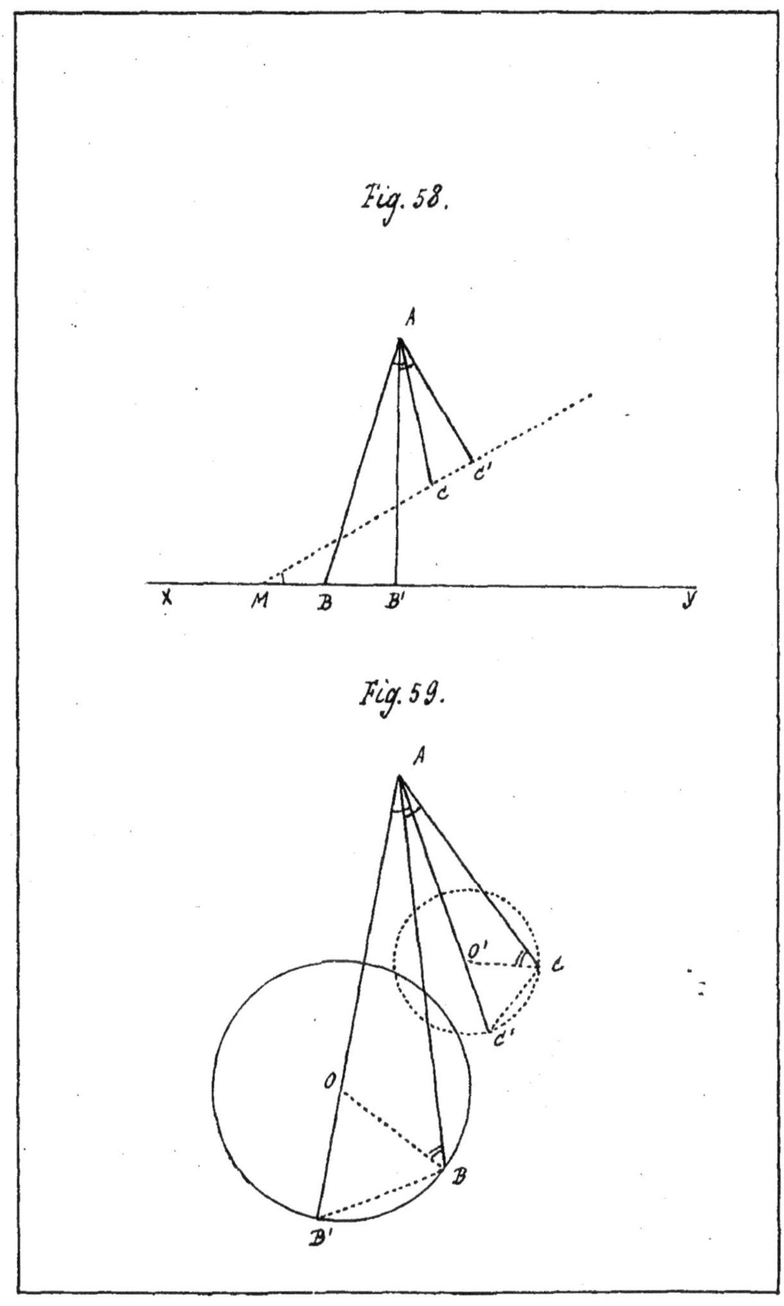


Fig. 58.

Fig. 59.

*angle donné et que l'on ait* $\frac{AB}{AC} = \frac{m}{n}$ : *trouver le lieu des points* C.

(Fig. 58.) On doit avoir BAC $= a$ et $\frac{AB}{AC} = \frac{m}{n}$.

Menez la perpendiculaire AB', faites B'AC' $= a$ et cherchez C' de manière que $\frac{AB'}{AC'} = \frac{m}{n}$. On conclut que $\frac{AB}{AB'} = \frac{AC}{AC'}$ et par suite que les triangles ABB', ACC', sont semblables, donc l'angle ACC' est droit.

Le lieu géométrique est donc une ligne C'M perpendiculaire à AC' et faisant avec XY l'angle $a$.

*Même problème en remplaçant la ligne droite par une circonférence.*

(Fig. 59.) Soit C un point tel que BAC $= a$ et que $\frac{AB}{AC} = \frac{m}{n}$.

Joignez AO, menez B'AC' $= a$ et prenez AC' tel que $\frac{AB'}{AC'} = \frac{m}{n}$ d'où $\frac{AB}{AC} = \frac{AB'}{AC'}$.

Tirez OB, et faites l'angle ACO' $=$ ABO. Les triangles B'OB, C'O'C donnent $\frac{OB'}{O'C'} = \frac{OB}{O'C}$ or OB' $=$ OB donc O'C' $=$ O'C.

Le lieu est donc une circonférence de centre O' et de rayon O'C' ; O' est connu par la relation $\frac{AB}{AC} = \frac{AO}{AO'} = \frac{m}{n}$.

Remarque. Si l'on suppose l'angle $a$ devenant nul, l'on est ramené au lieu n° 13.

### 15bis.

*Par un point* A, *on mène une ligne* AB *terminée à la droite* XY; *on mène* AC *tel que l'angle* BAC *soit égal à un angle donné, et que l'on ait* AB.AC $= K^2$ : *trouver le lieu des points* C.

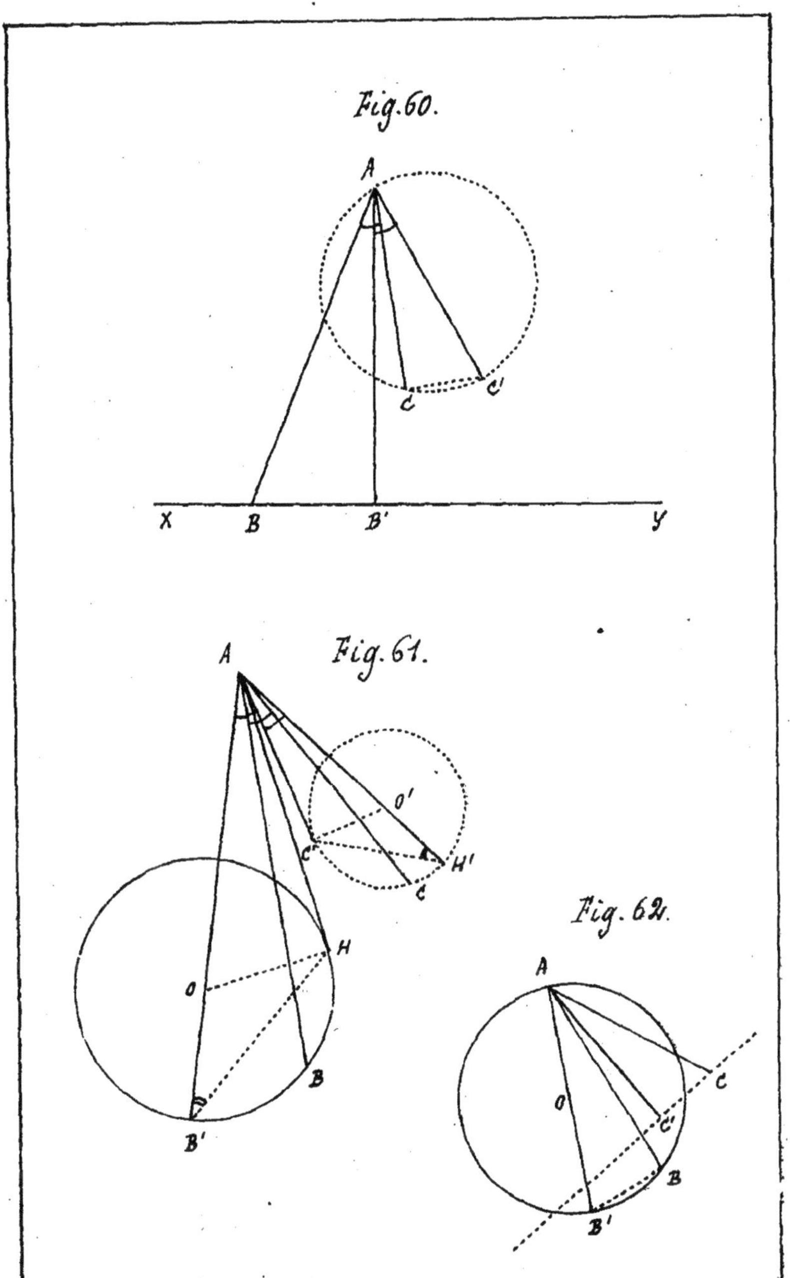

Fig. 60.
A
C
C'
X
B
B'
Y
Fig. 61.
A
O'
C'
H'
C
H
O
B
B'
Fig. 62.
A
O
C
C'
B
B'

(Fig. 60.) BAC $= a$ et AB.BC $= K^2$.

Tracez AB' perpendiculaire sur XY, tirez AC' sous l'angle $a$, et cherchez C' tel que AB'.AC' $= K^2$. Par suite AB.AC $=$ AB'AC' ou $\frac{AB}{AB'} = \frac{AC'}{AC}$ les triangles ABB, ACC', sont donc semblables et l'angle ACC' est droit.

Le lieu est une circonférence décrite sur AC' comme diamètre.

*Même problème en remplaçant la ligne droite par une circonférence.*

(Fig. 61.) Soit C un point du lieu, BAC$=a$ et AB.AC $= K^2$.

Menez la tangente AH et tirez AOB'. Tracez sous l'angle a les droites AH', AC', prenez AH' tel que AH.AH' $= K^2$ et AC' tel que AB'.AC' $= K^2$. On en conclut $\frac{AH}{AB'} = \frac{AC'}{AH'}$

Joignez C'H', B'H et menez les perpendiculaires HO, C'O'. Les triangles semblables HOB', C'O'H donnent $\frac{OH}{O'C'} = \frac{OB'}{O'H'}$, or OH $=$ OB' donc C'O' $=$ O'H'. Le lieu des points C est donc une circonférence de centre O' et de rayon O'H'$=$O'C'.

Construction. Tracez le diamètre et la tangente au cercle passant par A. Tirez sous l'angle $a$ les droites AC', AH'; prenez AC' et AH' au moyen des relations connues et en C' élevez une perpendiculaire sur AC'.

Autre cas. Le point A est sur la circonférence.

(Fig. 62.) AB.BC $= K^2$ et AB'.AC' $= K^2$ d'où $\frac{AB}{AB'} = \frac{AC'}{AC}$.

Les triangles AB'B, AC'C, sont semblables et ACC' $=$ 1 dr.

Le lieu est donc une perpendiculaire sur AC' menée par un point C' connu.

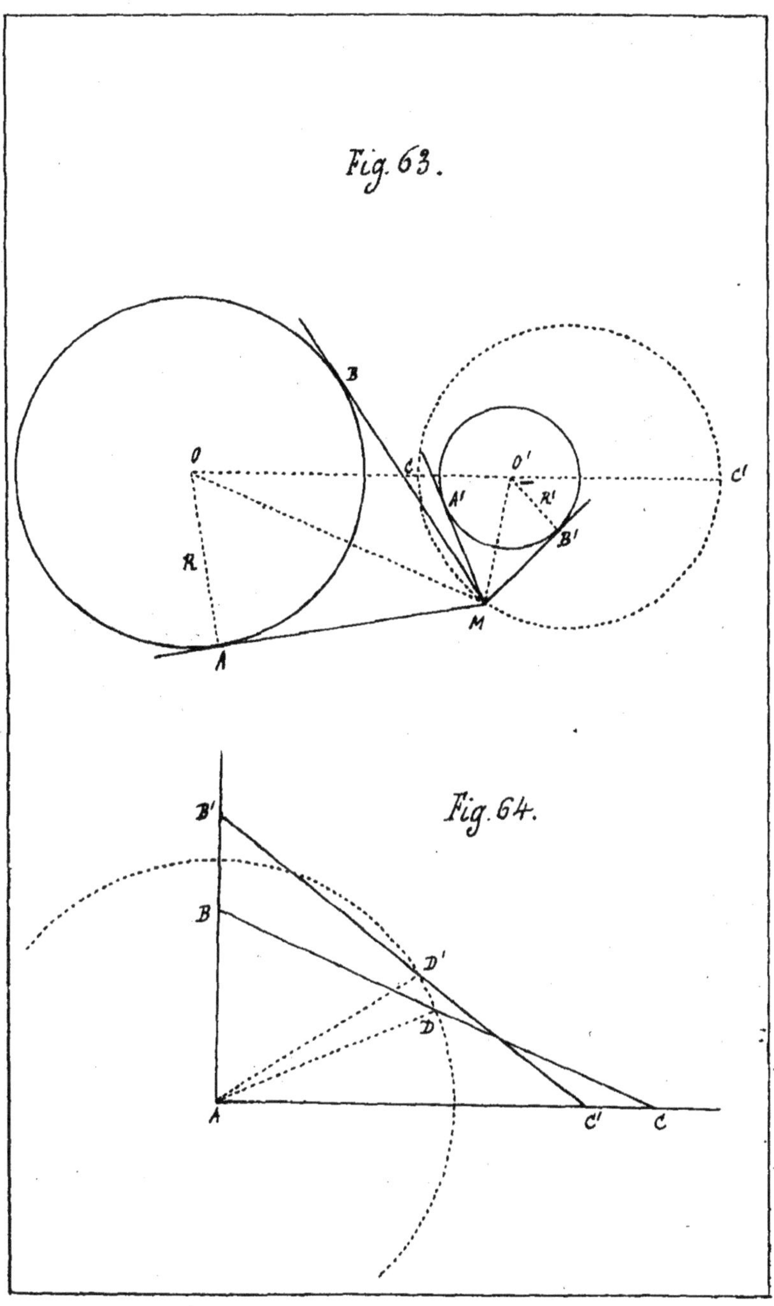


Fig. 63.

Fig. 64.

Remarque. L'angle $a$ devenant nul, on retombe sur le lieu n° 14.

16.

*Trouver le lieu des points d'où deux cercles donnés sont vus sous le même angle :*

(Fig. 63.) Soit M un point du lieu. Menez des tangentes aux cercles O et O'; on doit avoir AMB = A'MB'.

Tirez les rayons OA, O'B', et les droites OM, O'M ; les triangles AOM, MO'B' donnent $\frac{OM}{O'M} = \frac{R}{R'}$.

Si l'on cherche les points C et C' centres de similitude des cercles donnés, on sait que $\frac{OC}{O'C} = \frac{R}{R'} = \frac{OC'}{O'C'}$; les points C et C' sont aussi des points du lieu.

Comme le rapport $\frac{R}{R'}$ est constant, le point M fait donc partie du lieu dont les distances aux points O et O' sont dans le rapport $\frac{R}{R'}$ c'est à dire qu'il se trouve sur la circonférence qui a pour diamètre la ligne CC' joignant les centres de similitude. (Liv. III prop. XVIII Remarque I).

17.

*Sur deux droites rectangulaires on fait glisser une droite de longueur donnée : on demande le lieu des milieux des hypothénuses des triangles ainsi formés.*

(Fig. 64.) Soit D milieu de BC un point du lieu.

Joignez les points A et D, AD $= \frac{BC}{2}$ (car la circonférence décrite sur BC comme diamètre passe par A, donc AD est un rayon), de même AD' $= \frac{B'C'}{2}$ or BC = B'C' donc AD = AD'.

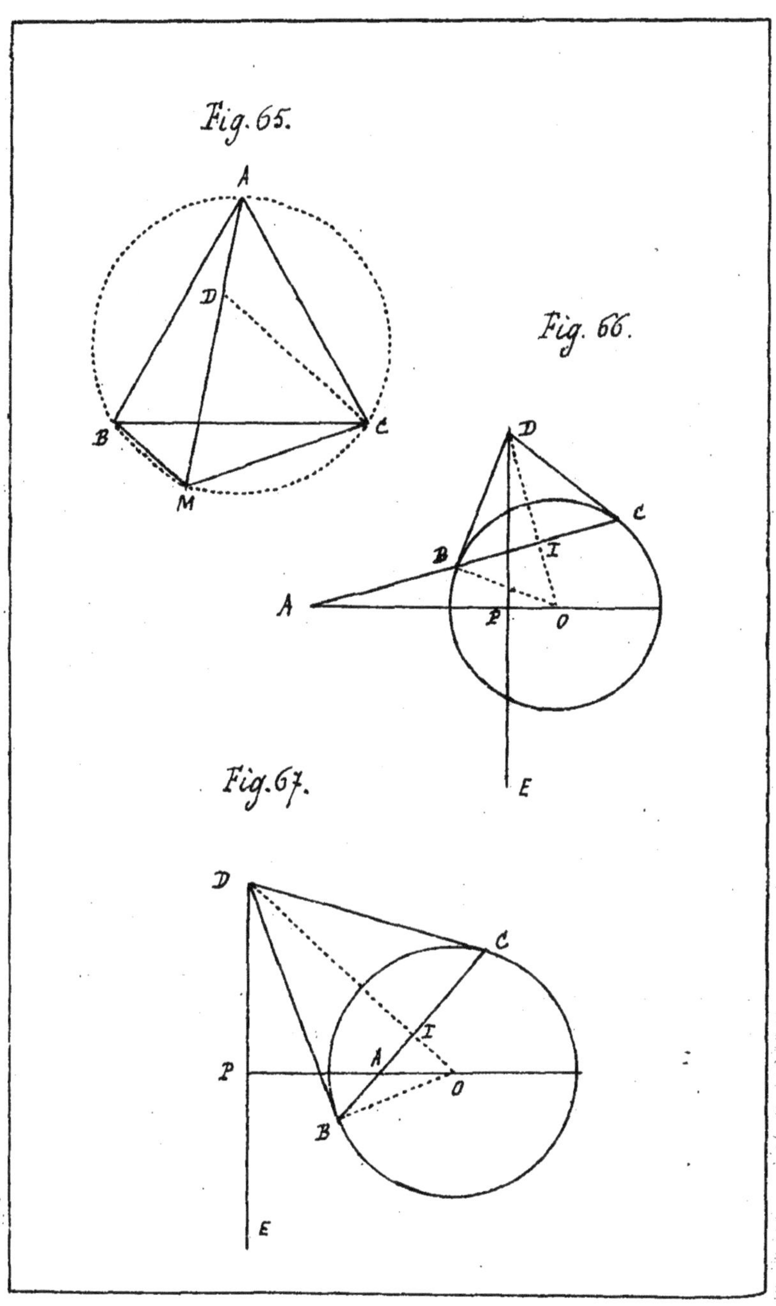
Fig. 65.
A
D
B
C
M
Fig. 66.
D
C
B
I
A
P
O
E
Fig. 67.
D
C
I
A
P
O
B
E

Le lieu est une circonférence décrite de A comme centre, avec la moitié de la longueur donnée comme rayon.

18.

*Etant donné un triangle équilatéral, trouver le lieu des points tels que la distance de l'un d'eux à l'un des sommets du triangle équilatéral soit égale à la somme des distances du même point aux deux autres sommets.*

(Fig. 65.) Tracez la circonférence circonscrite, tout point M de cette circonférence donnera MA=MB+MC.

Prenez AD=BM et joignez DC. Les triangles MBC, DAC, sont égaux d'où DC=MC, l'angle CMD=ABC=60° et par suite MD=MC.

19.

*Par un point* A *pris dans le plan d'un cercle* O, *on mène une sécante* AC, *et les tangentes aux points* B *et* C, *on demande le lieu des points* D.

1^er^ MOYEN. Appendice au livre III, théorème XV.

2^me^ MOYEN. (Fig. 66 et 67.) Soit D un point du lieu. Tracez DE perpendiculaire sur AO, et menez DO qui sera perpendiculaire sur le milieu de BC.

Les triangles AOI, DOP, donnent : $\frac{OP}{OI}=\frac{OD}{OA}$ d'où

$OP=\frac{OI.OD}{OA}$; dans le triangle OBD, on a : $\overline{OB}^2 = OD.OI$,

donc $OP=\frac{\overline{OB}^2}{OA}$.

Cette dernière relation fixe la position du point P, puisque OP est une troisième proportionnelle à OB et OA. La distance OP ne dépendant que du rayon du cercle et de la

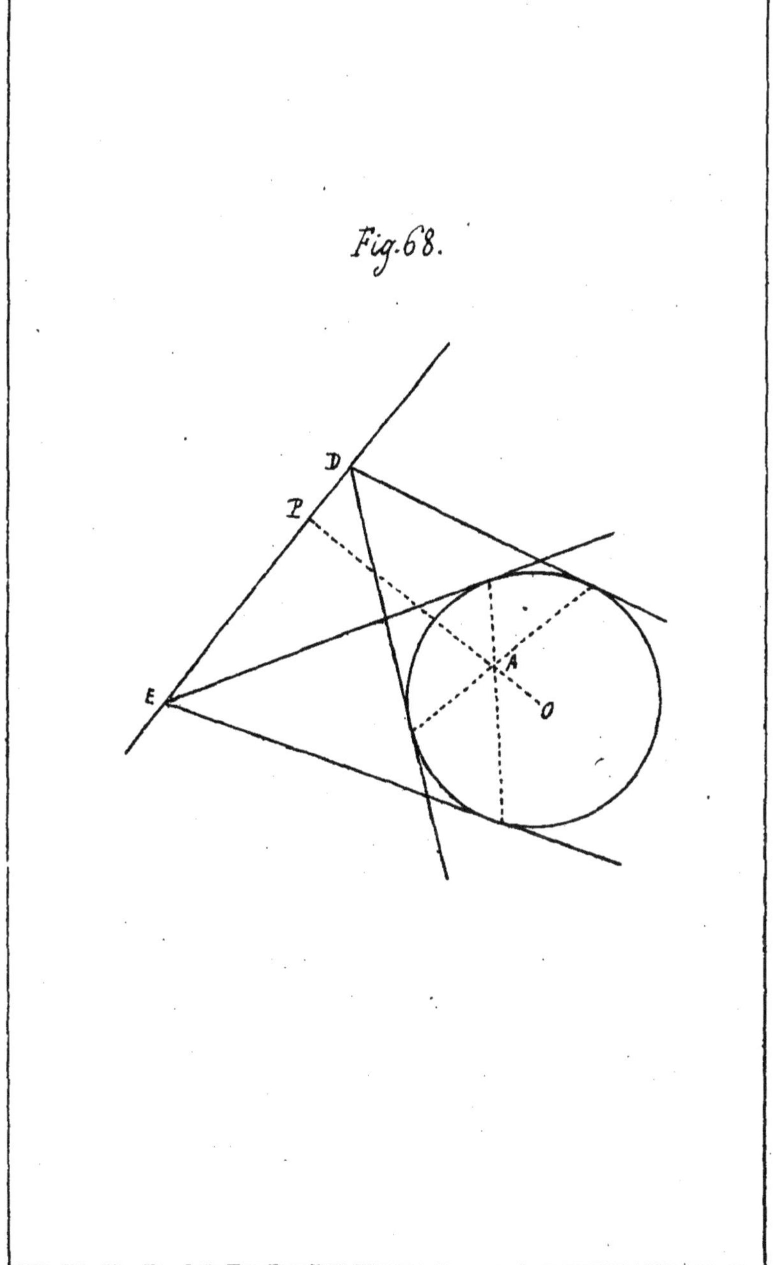
Fig. 68.
D
P
A
E
O

distance AO, elle sera la même quelle que soit la position de la sécante ABC ; le lieu géométrique demandé est donc une droite DE perpendiculaire sur le diamètre passant par le point A et menée à une distance OP connue.

Remarque I. Les deux distances OP, OA, étant liées par la relation $OP = \frac{\overline{OB}^2}{OA}$, il sera facile de déterminer chacune d'elles lorsque l'autre sera connue.

Remarque II. (Fig, 68.) On conclut de là que, si de tous les points d'une droite DE, on mène des couples de tangentes à un cercle donné, toutes les cordes de contact se couperont en un même point du diamètre perpendiculaire à la droite donnée, et situé à une distance du centre exprimée par une troisième proportionnelle à la distance de la droite donnée au centre du cercle et au rayon du cercle.

La droite DE est appelée la *polaire* du point A, et ce point est le *pôle* de la droite DE. Lorsque le pôle est extérieur au cercle, la polaire n'est autre chose que la corde de contact des tangentes issues de ce point.

## 20.

*Trouver le lieu des points tels que la somme des carrés de leurs distances aux sommets d'un triangle équilatéral soit égale à un carré donné.*

1er moyen. (Fig. 69.) Soit M un point du lieu tel que

$\overline{AM}^2 + \overline{BM}^2 + \overline{CM}^2 = K^2.$

Soit D le milieu de AO.

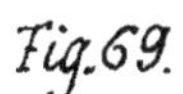

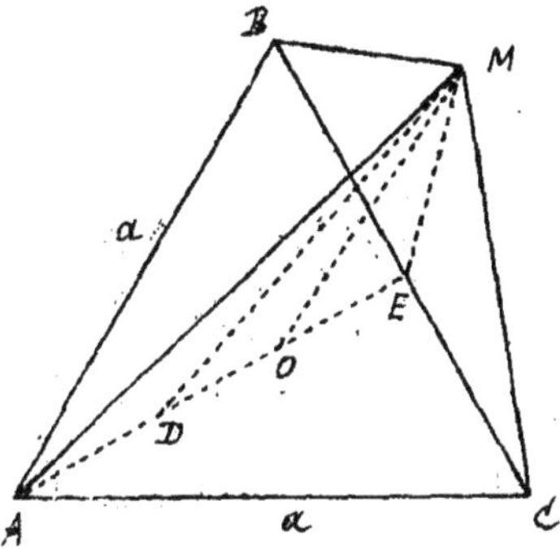


Fig. 70.

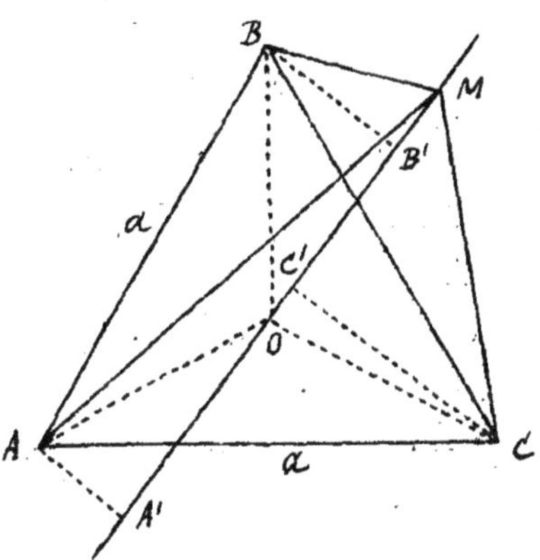

$$\overline{BM}^2 + \overline{CM}^2 = 2\,\overline{ME}^2 + \frac{a^2}{2}$$

$$\overline{AM}^2 + \overline{MO}^2 = 2\,\overline{MD}^2 + 2\,\overline{OD}^2$$

$$\overline{AM}^2 + \overline{BM}^2 + \overline{CM}^2 = 2\,\overline{MD}^2 + 2\,\overline{ME}^2 + \frac{a^2}{2} + 2\,\overline{OD}^2 - \overline{MO}^2$$

mais $2\,\overline{MD}^2 + 2\,\overline{ME}^2 = 4\,\overline{MO}^2 + 4\,\overline{OD}^2$ donc

$$K^2 = 4\,\overline{MO}^2 + 4\,\overline{OD}^2 + \frac{a^2}{2} + 2\,\overline{OD}^2 - \overline{MO}^2 = 3\,\overline{OM}^2 + 6\,\overline{OD}^2 + \frac{a^2}{2}$$

d'où $\overline{OM}^2 = \dfrac{K^2 - 6\,\overline{OD}^2 - \frac{a^2}{2}}{3}$ or $OD = \dfrac{AE}{3}$ et $AE = \sqrt{\dfrac{3\,a^2}{4}}$

donc $OM = \sqrt{\dfrac{K^2 - a^2}{3}}$

2me MOYEN. (Fig. 70.) Soit M un point du lieu, O le centre des M. D. Tirez la droite MO.

$$\overline{AM}^2 = \overline{AO}^2 + \overline{OM}^2 - 2\,OM.A'O$$

$$\overline{BM}^2 = \overline{BO}^2 + \overline{OM}^2 + 2\,OM.B'O$$

$$\overline{CM}^2 = \overline{CO}^2 + \overline{OM}^2 + 2\,OM.C'O$$

$$K^2 = 3\,\overline{AO}^2 + 3\,\overline{OM}^2 + 2\,OM\,(B'O + C'O - A'O)$$

Le point O centre des M. D. des projections A', B', C' fournit la relation $(B'O + C'O - A'O) = 0$, par suite

$K^2 = 3\,\overline{AO}^2 + 3\,\overline{OM}^2 = a^2 + 3\,\overline{OM}^2$, $\left(AO = \frac{2}{3}AD \text{ et } AD = \sqrt{\frac{3\,a^2}{4}}\right)$,

donc $OM = \sqrt{\dfrac{K^2 - a^2}{3}}$ c'est à dire que OM est une constante.

Le lieu est donc une circonférence décrite de O comme centre avec un rayon connu.

Fig. 71.

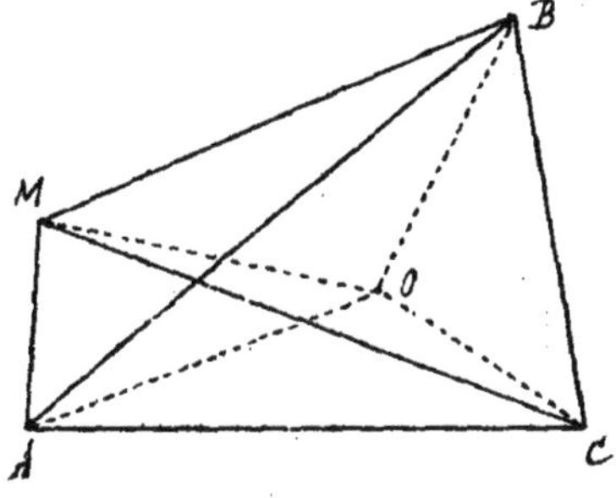


Fig. 72.

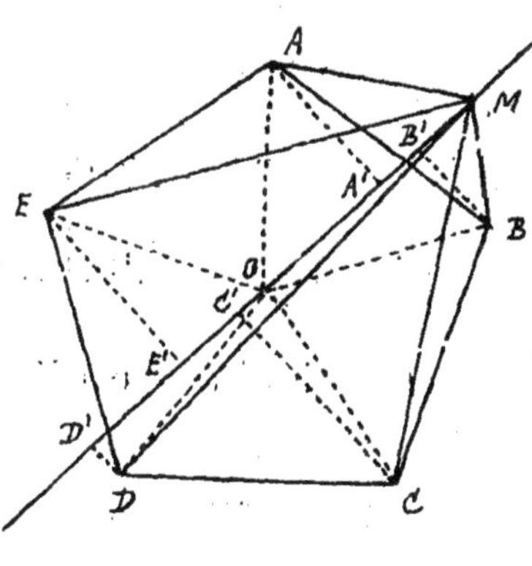

Remarque I. Pour que la circonférence existe il faut que l'on ait $K^2 > a^2$. Si $K^2 = a^2$, la circonférence se réduit au point O.

Remarque II. (Fig. 71.) Si le triangle est quelconque la relation devient $OM = \sqrt{\frac{K^2 - p^2}{3}}$ en posant :

$\overline{AO}^2 + \overline{BO}^2 + \overline{CO}^2 = p^2$.

Remarque III. La somme des carrés des distances d'un point M aux sommets d'un triangle, est une constante. Cette somme a pour expression :

$$\overline{AM}^2 + \overline{BM}^2 + \overline{CM}^2 = p^2 + 3\,\overline{OM}^2.$$

## 21.

*Même problème, en remplaçant le triangle équilatéral par un polygone régulier quelconque.*

(Fig. 72.) Soit M un point du lieu tel que

$\overline{AM}^2 + \overline{BM}^2 + \overline{CM}^2 + \overline{DM}^2 + \overline{EM}^2 = K^2$.

Soit O le centre des M. D. du polygone, tirez OM.

$$\overline{AM}^2 = \overline{AO}^2 + \overline{OM}^2 - 2\,OM.A'O$$
$$\overline{BM}^2 = \overline{BO}^2 + \overline{OM}^2 - 2\,OM.B'O$$
$$\overline{CM}^2 = \overline{CO}^2 + \overline{OM}^2 + 2\,OM.C'O$$
$$\overline{DM}^2 = \overline{DO}^2 + \overline{OM}^2 + 2\,OM.D'O$$
$$\overline{EM}^2 = \overline{EO}^2 + \overline{OM}^2 + 2\,OM.E'O$$

---

$$K^2 = 5\,\overline{AO}^2 + 5\,\overline{OM}^2 + 2\,OM(C'O + D'O + E'O - A'O - B'O)$$

Fig. 73.

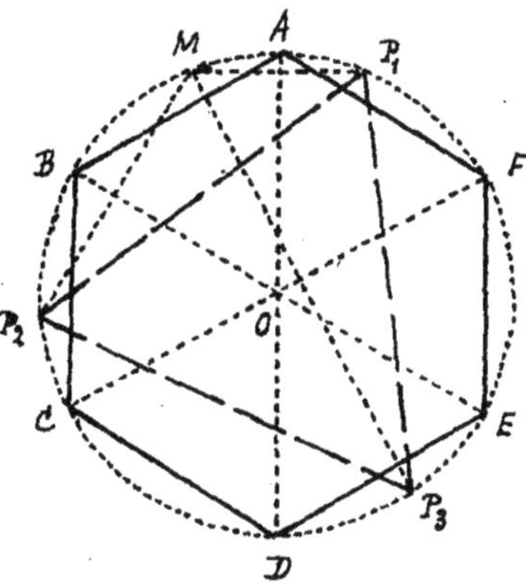


Fig. 74.

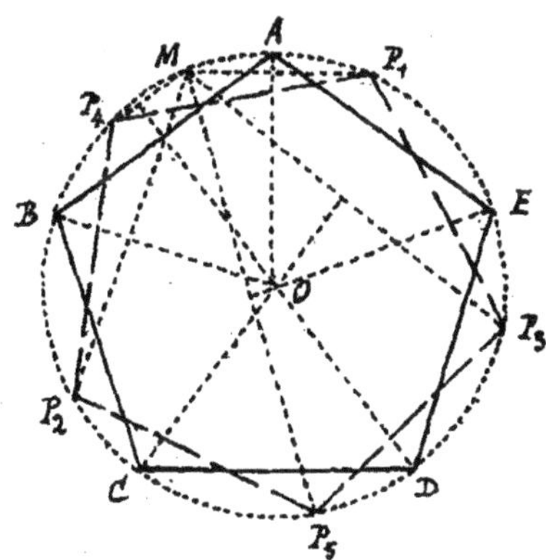

or $(C'O+D'O+E'O-A'O-B'O)=0$ donc $OM=\sqrt{\dfrac{K^2-5\overline{AO}^2}{5}}$

Le lieu est donc une circonférence décrite du centre de figure du polygone avec un rayon connu.

Remarque I. Si le polygone régulier a *n* côtés, la relation devient $OM=\sqrt{\dfrac{K^2-nR^2}{n}}$.

Remarque II. La somme des carrés des distances d'un point M aux sommets d'un polygone régulier de *n* côtés, de rayon R et de centre O, a pour expression :

$S=nR^2+n\overline{OM}^2$.

Si le point M appartient à la circonférence circonscrite au polygone, l'expression de la somme des carrés devient : $S=2\,n\,R^2$.

**Th.**

*Si d'un point* M *de la circonférence circonscrite à un polygone régulier de* n *côtés, on abaisse des perpendiculaires sur les rayons* OA, OB, OC.... *menés aux sommets, et si l'on prolonge ces perpendiculaires jusqu'à leur rencontre avec la circonférence, les points* $P_1$, $P_2$, $P_3$, ..... *seront les sommets d'un polygone régulier de* $\frac{n}{2}$ *côtés, si* n *est pair, ou d'un polygone régulier de* n *côtés, si* n *est impair.*

(Fig. 73 et 74). On vérifie aisément cette propriété en s'assurant que les angles en $P_1$, $P_2$, $P_3$ .... ont même mesure.

Remarque. La somme des carrés des cordes $MP_1$, $MP_2$, $MP_3$.... est d'après le lieu n° 21 : $S=2\,n\,\overline{OM}^2$.

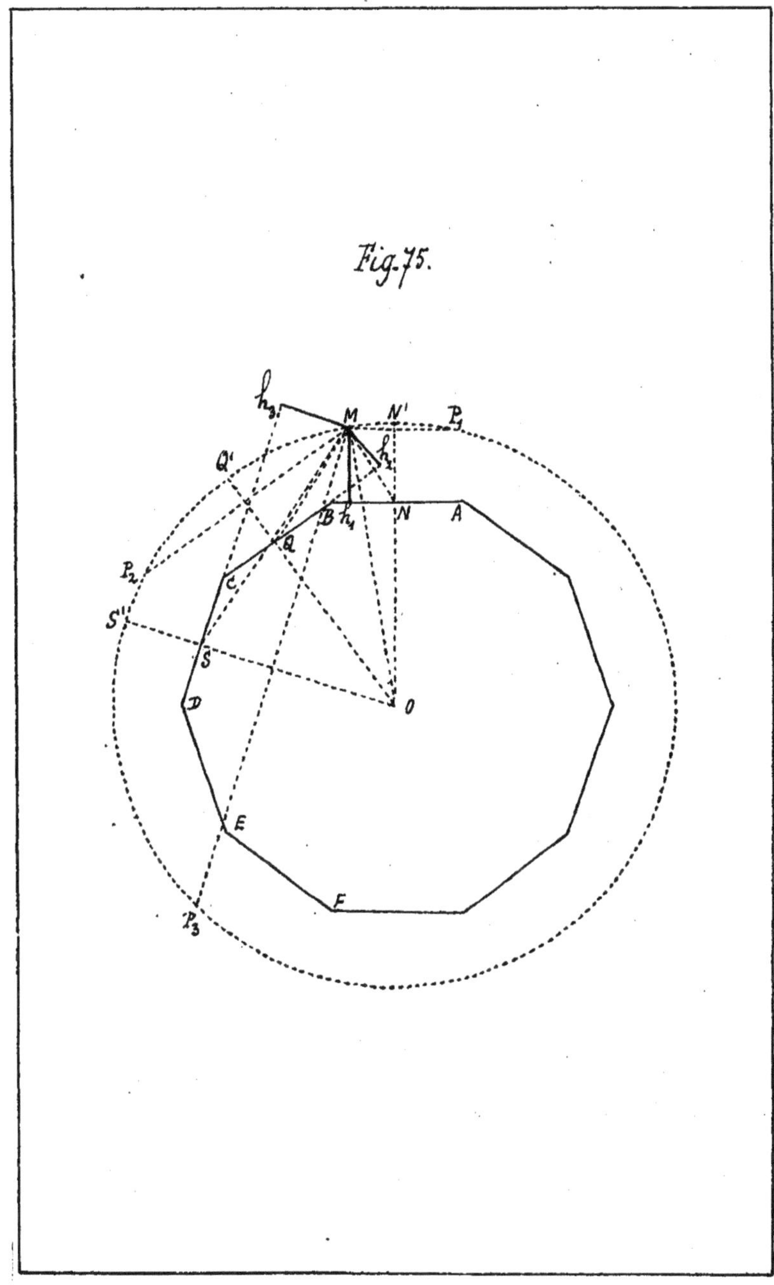
Fig. 75.
$h_3$
M
N'
$P_1$
Q'
$h_2$
B
$h_1$
N
A
Q
$P_2$
C
S'
S
D
O
E
F
$P_3$

## 22.

*Trouver le lieu des points tels que la somme des carrés de leurs distances aux côtés d'un polygone régulier soit égale à un carré donné.*

(Fig. 75.) Soit M un point du lieu tel que

$$\overline{Mh_1}^2 + \overline{Mh_2}^2 + \overline{Mh_3}^2 + \ldots\ldots = K^2.$$

Joignez OM et avec cette droite comme rayon décrivez une circonférence qui sera le lieu demandé.

Abaissez du point O les perpendiculaires ON', OQ', OS',... sur AB, BC, CD, ....; et du point M les perpendiculaires $MP_1$, $MP_2$, $MP_3$ .... sur ON', OQ', OS' .... Enfin tirez les droites MN, MQ, MS, ..... vous aurez :

$$\overline{Mh_1}^2 = \overline{MN}^2 - \overline{Nh_1}^2 = \overline{MN}^2 - \frac{1}{4}\overline{MP_1}^2$$

$$\overline{Mh_2}^2 = \overline{MQ}^2 - \frac{1}{4}\overline{MP_2}^2$$

$$\overline{Mh_3}^2 = \overline{MS}^2 - \frac{1}{4}\overline{MP_3}^2$$

. . . . . . . . . . . . . .

. . . . , . . . . . . . . .

---

$$K^2 = \left(\overline{MN}^2 + \overline{MQ}^2 + \overline{MS}^2 + \ldots.\right) - \frac{1}{4}\left(\overline{MP_1}^2 + \overline{MP_2}^2 + \overline{MP_2}^2 + \ldots\right)$$

Mais N, Q, S, ..... sont les sommets d'un polygone régulier de n côtés inscrit dans le cercle de rayon r (apothème du polygone ABCD....), donc :

$$\left(\overline{MN}^2 + \overline{MQ}^2 + \overline{MS}^2 + \ldots.\right) = nr^2 + n\overline{OM}^2 \text{ (Lieu n°21)}$$

$$\left(\overline{MP_1}^2 + \overline{MP_2}^2 + \overline{MP_3}^2 + \ldots.\right) = 2n\overline{OM}^2 \text{ (Th. précédent)}$$

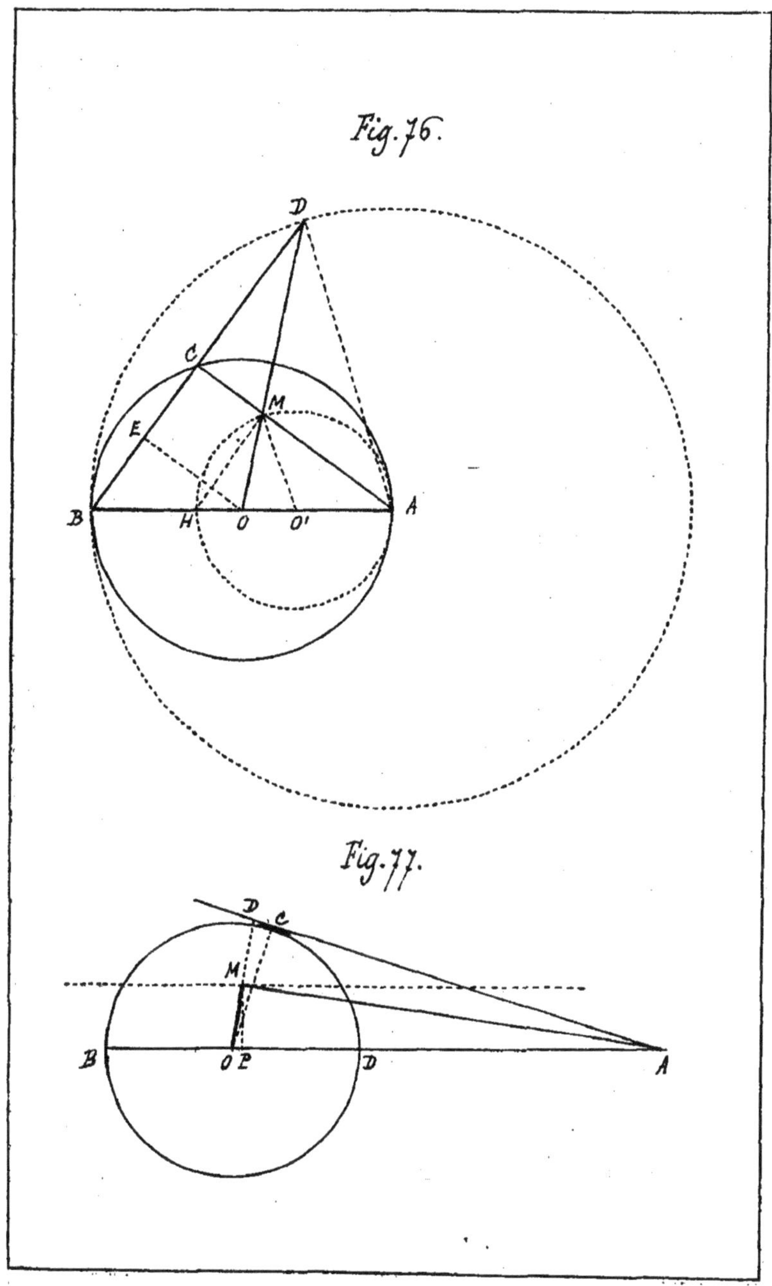
Fig. 76.
D
C
M
E
B
H
O
O'
A
Fig. 77.
D
C
M
B
O P
D
A

par suite $K^2 = nr^2 + n\overline{OM}^2 - \frac{1}{2} n\overline{OM}^2 = nr^2 + \frac{1}{2} n\overline{OM}^2$

d'où $OM = \sqrt{2\left(\frac{K^2}{n} - r^2\right)}$.

Remarque. La somme des carrés des distances d'un point M aux côtés d'un polygone régulier de n côtés, a pour expression : $S = nr^2 + \frac{1}{2} n\overline{OM}^2$.

23.

*Soit* AB *un diamètre du cercle* BO; *tracez une sécante* BCD, *et prenez* CD = BC ; *joignez le point* D *au centre du cercle, et le point* C *au point* A : *on demande le lieu du point* M *d'intersection des droites* AC, OD.

(Fig. 76.) Menez la perpendiculaire OE. Les triangles EOD, CMD, donnent $OM = \frac{OD}{3}$ ; donc les lieux décrits par les points M et D sont semblables.

Le lieu décrit par le point D est une circonférence qui touche en B la circonférence O (AB = AD).

Le lieu du point M est pareillement une circonférence. Elle touche en A la circonférence donnée. Si par M on mène MH, M'O, parallèles aux droites DB, DA, H sera un point du lieu et O' le centre.

24.

*D'un point quelconque* A *du prolongement du diamètre* BD, *tracez la tangente* AC, *la bissectrice de l'angle* CAD, *et abaissez* OM *perpendiculaire sur* AM : *on demande le lieu du point* M.

(Fig. 77.) Le triangle AOD est isocèle ;

Fig. 78.

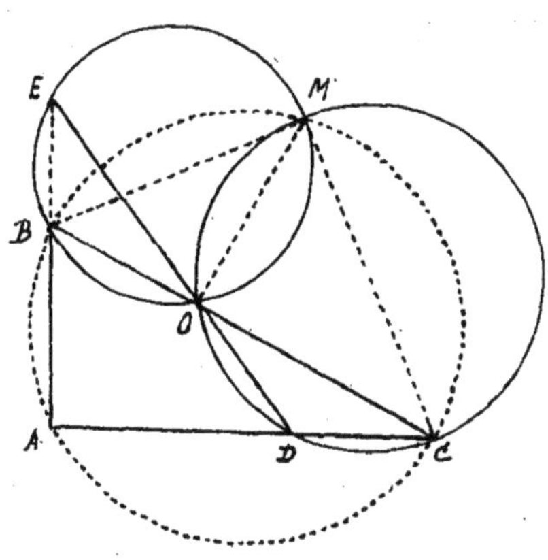


Fig. 79.

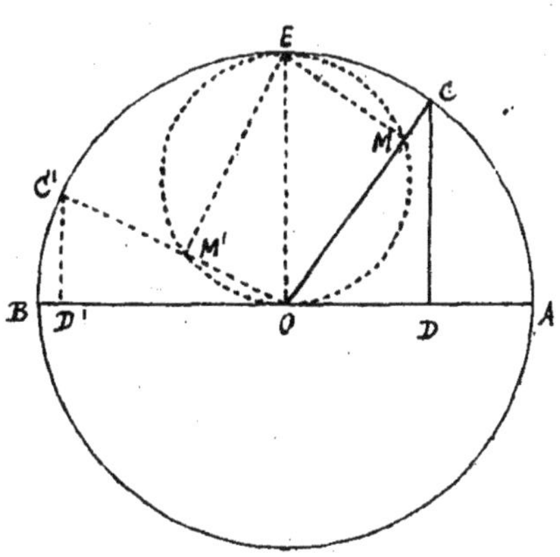

2 fois tr. MOA = OAD ou 2(MP.OA) = OC.AD,

mais OA = AD et OC = R donc $MP = \frac{R}{2}$.

Le lieu est une parallèle à OA située à une distance $\frac{R}{2}$ du diamètre.

Remarque. Examinez ce théorème, la droite AB étant une droite quelconque située dans le plan du cercle.

25.

*Par un point* O *de l'hypothénuse* BC *du triangle rectangle* ABC, *tracez une sécante quelconque* DE ; *décrivez les cercles* OBE, OCD : *on demande le lieu du point* M *de rencontre de ces deux circonférences.*

(Fig. 78.) Tirez les droites MB, MO, MC ; l'angle BMC = BMO + OMC = E + D = 1 dr.

Le lieu est la circonférence circonscrite au triangle donné.

26.

*Etant donné un cercle* BO *et un diamètre* AB, *menez un rayon quelconque* OC, *tracez* CD *perpendiculaire sur* AB, *et prenez* OM = CD : *on demande le lieu des points* M.

(Fig. 79.) Tirez OE et EM perpendiculaires sur AB et OC.

Les triangles OEM, OCD, sont égaux, d'où OM = CD. De même OM' = C'D'.

Le lieu des points M est donc la circonférence décrite sur OE comme diamètre.

27.

*Dans un quadrilatère* ABCD, *on donne* AB, BC, AC et CD ; *on demande* 1° *le lieu géométrique du milieu de la diagonale*

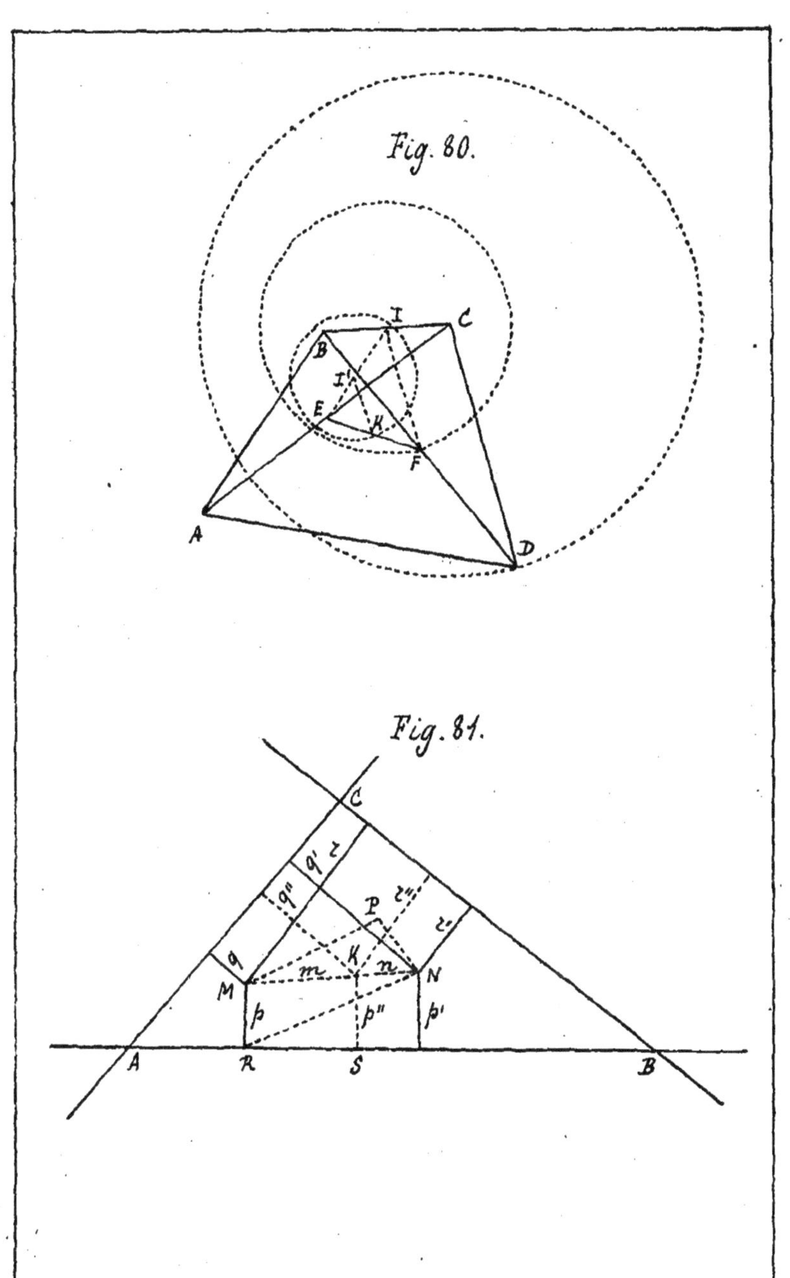
Fig. 80.
A
B
C
D
E
F
I
I'
K
Fig. 81.
A
B
C
M
N
P
K
R
S
m
n
p
p'
p''
q
q'
q''
r
r'
r''

BD, 2° *le lieu géométrique du milieu de la droite* EF *qui joint les milieux des deux diagonales.*

(Fig. 80.) 1° Les points B et C sont fixes, le point D décrit une circonférence de centre C. Donc, d'après le lieu n° 13, le point F décrit une circonférence qui a son centre au milieu I de BC et qui a un rayon $= \frac{CD}{2}$.

2° E et I sont fixes, F décrit une circonférence de centre I et de rayon IF. Donc, K décrit une circonférence de centre I' situé au milieu de EI, et de rayon $I'K = \frac{CD}{4}$.

28.

*Trouver le lieu de tous les points tels que la somme des distances d'un de ces points à trois droites données soit égale à une ligne donnée.*

(Fig. 81.) Soit M un point du lieu tel que $p + q + r = l$. Pour le trouver, partagez l en deux parties quelconques et cherchez le lieu des points tels que la somme des perpendiculaires sur AC et AB soit la première partie. (Lieu n° 1). Coupez ce lieu par une parallèle à BC distante de la deuxième partie.

Déterminez de même un second point N du lieu. Ayant joint M et N, cette droite fera partie du lieu demandé.

Soit un point K de cette droite, et p'', q'', r'', les perpendiculaires ; soit $MK = m$, $KN = n$ et tirez NR, il vient :

$$\frac{KH}{p} = \frac{n}{m+n}, \qquad \text{d'où (1) } KH\,(m+n) = p.\,n$$

$$\frac{HS}{p'} = \left(\frac{RH}{HN}\right) = \frac{m}{m+n} \qquad \text{d'où (2) } HS\,(m+n) = p'.\,m$$

$$p''.\,(m+n) = p.\,n + p'.\,m$$

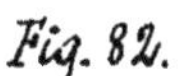

Fig. 82.

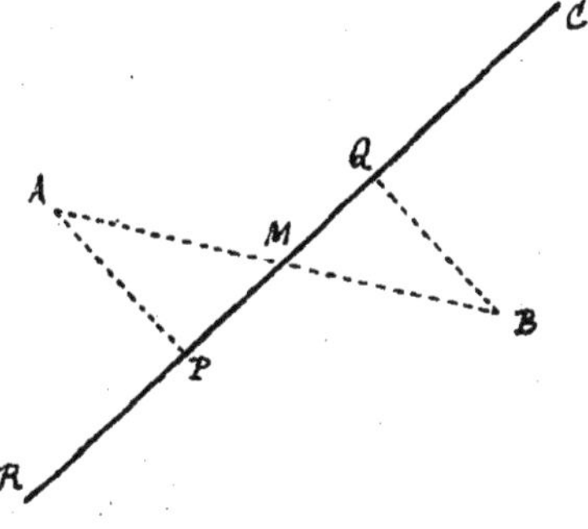


Fig. 83.

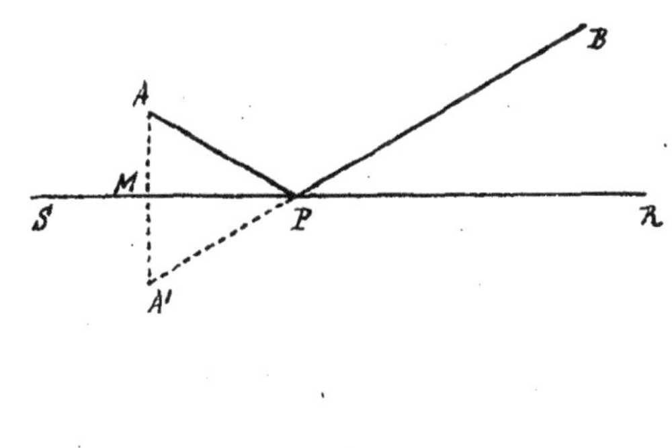

De même $q''(m+n) = q.n + q'.m$
$r''(m+n) = r.n + r'.m$

$$\text{D'où } p'' + q'' + r'' = \frac{n(p+q+r) + m(p'+q'+r')}{m+n} = \frac{(m+n)(p+q+r)}{m+n} = p+q+r$$

Déterminez un 3<sup>me</sup> point P, comme M et N ; le lieu complet sera le périmètre du triangle MNP.

---

# PROBLÈMES.

## 1.

*Par un point mener une droite également distante de deux points donnés.*

(Fig. 82.) Soit CR la droite, menez les distances de A et de B à la droite, on doit avoir AP = QB. Les triangles APM, MQB, donnent AM = MB ; d'où la construction.

## 2.

*Etant donnés deux points* A *et* B, *trouver sur la ligne* SR *un point* P *tel que les angles* APS, BPR, *soient égaux.*

(Fig. 83.) Soit P le point, menez la perpendiculaire AM, et prolongez de MA' = AM.

Les triangles AMP, A'MP, donnent l'angle

APM = MPA' = BPR.

## 3.

*Par un point mener une droite qui coupe deux parallèles,*

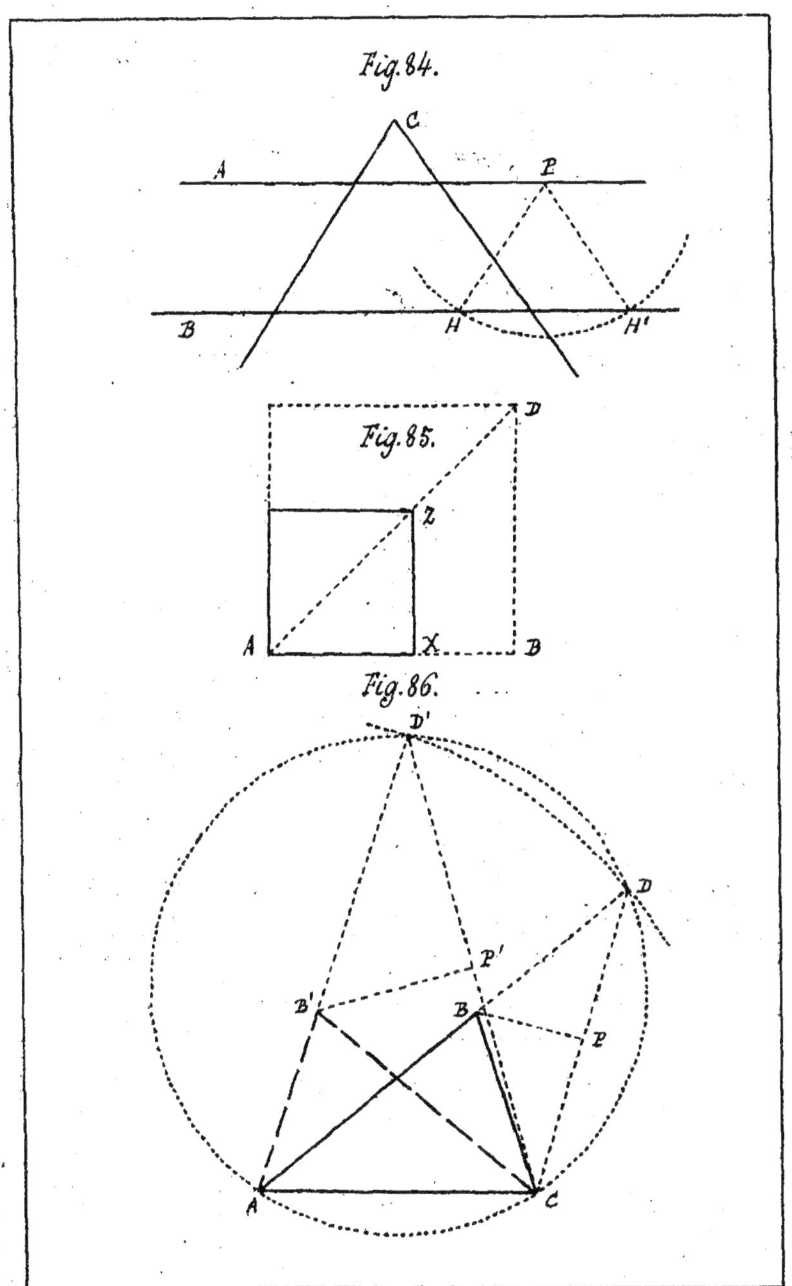
Fig. 84.
C
A
P
B
H
H'
Fig. 85.
D
Z
A
X
B
Fig. 86.
D'
D
P'
B'
B
P
A
C

*et telle que la partie de cette droite comprise entre ces deux parallèles soit égale à une ligne donnée.*

(Fig. 84.) Par un point quelconque P de la droite AP, avec la longueur 1 donnée décrivez l'arc de cercle HH', joignez PH et par C menez une parallèle.

4.

*Construire un carré, connaissant la différence entre la diagonale et le côté du carré.*

(Fig. 85.) Soient AZ et AX la diagonale et le côté inconnus du carré à construire ; AD et AB la diagonale et le côté d'un carré quelconque : ces deux figures étant semblables, donnent la relation :

$$\frac{AD}{AB} = \frac{AZ}{AX} \text{ d'où } \frac{AD - AB}{AB} = \frac{AZ - AX}{AX}$$

Or AZ — AX étant donné, le côté cherché AX sera une quatrième proportionnelle.

Remarque. On construit de même le carré dont on connait la somme de la diagonale et du côté.

5.

*Construire un triangle connaissant la base, l'angle opposé et la somme ou la différence des deux autres côtés.*

1° La base, l'angle opposé et la somme des deux autres côtés.

(Fig. 86.) Soit ABC le triangle. Prolongez AB de BD=BC, joignez DC, le triangle isocèle BDC, donne $D = \frac{1}{2}$ ABC, d'où la construction :

Sur AC décrivez un segment capable de $\frac{1}{2}$ ABC ; du point

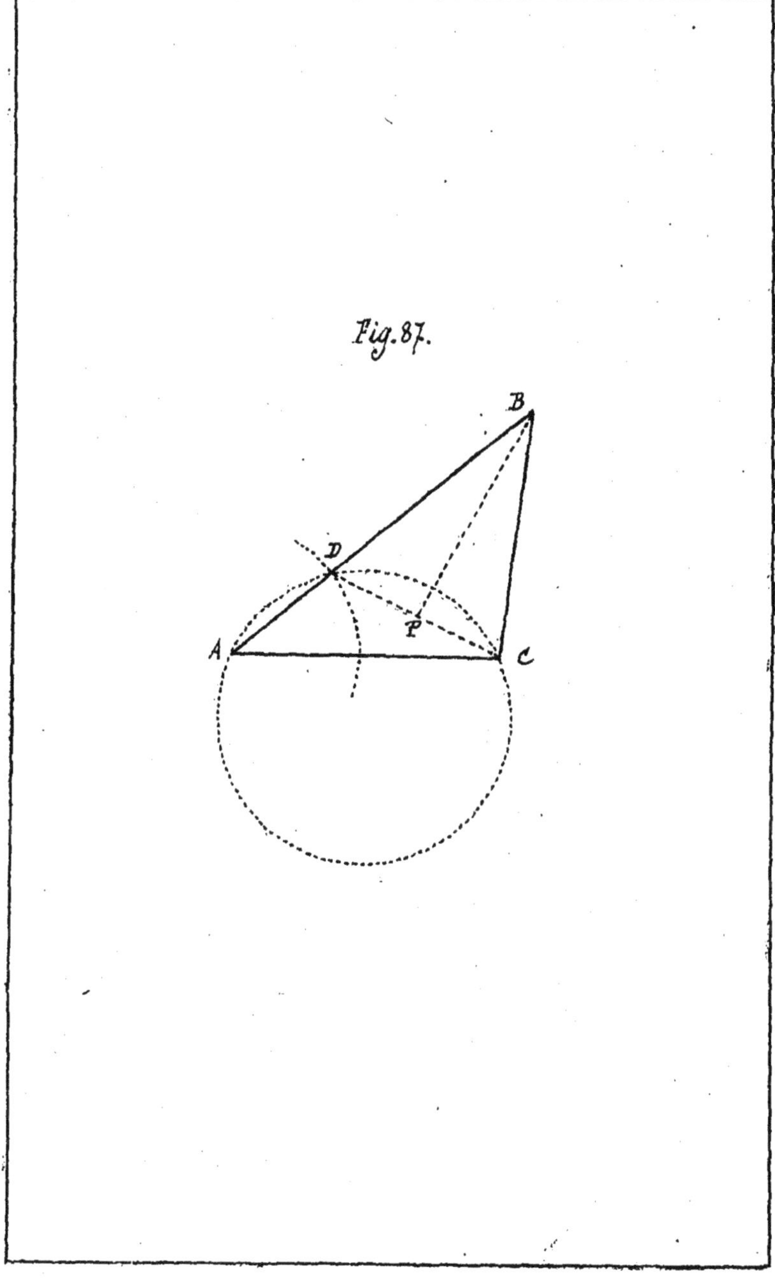
Fig. 87.
B
D
P
A
C

A avec la somme des côtés décrivez un arc de cercle. Tirez AD et DC et par le milieu P élevez une perpendiculaire. Le triangle AB'C est une seconde solution.

2° La base, l'angle opposé et la différence des deux autres côtés.

(Fig. 87.) Soit ABC le triangle. Sur AB prenez BD = DC, joignez DC ; le triangle DBC donne BDC $= 90^\circ - \frac{B}{2}$, par suite ADC $= 90^\circ + \frac{B}{2}$; d'où la construction :

Sur AC décrivez un segment capable de $90^\circ + \frac{B}{2}$; du point A avec la différence des côtés décrivez un arc de cercle. Joignez AD et DC, par le milieu P élevez la perpendiculaire PB, prolongez AD et le point de rencontre sera le sommet B.

6.

*Décrire un cercle d'un rayon donné :*

1° *Passant par deux points ;*

2° *Passant par un point et tangent à une droite ;*

3° *Tangent à deux droites ;*

4° *Tangent à une droite et à un cercle ;*

5° *Passant par un point et tangent à un cercle ;*

6° *Tangent à deux cercles.*

Généralement il y a deux solutions. Les centres des cercles sont les intersections de deux lieux géométriques.

7.

*Menez dans un cercle une droite passant par un point donné, et telle que la corde interceptée soit égale à une ligne donnée.*

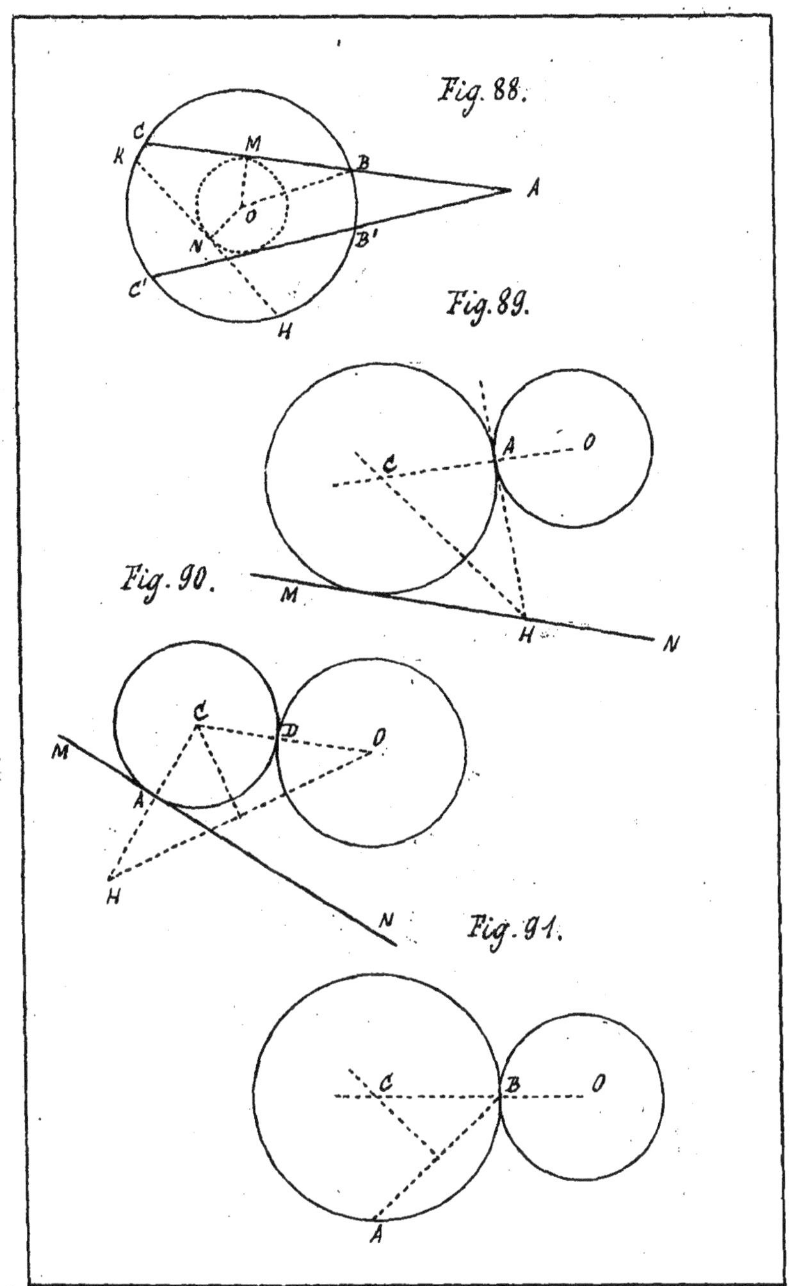
Fig. 88.
C
K
M
B
A
O
N
B'
C'
H
Fig. 89.
A
O
C
Fig. 90.
M
H
N
C
D
O
M
A
H
N
Fig. 91.
C
B
O
A

(Fig. 88.) Soit ABC la sécante, telle que BC = l. Menez dans le cercle O, une corde KH = l ; on a : ON = OM, donc la sécante est une tangente au cercle OM décrit avec un rayon connu.

8.

*Décrire un cercle tangent à un cercle et à une droite, en un point donné.*

1° Tangent à un cercle O en un point donné A et à une droite MN.

(Fig. 89.) Soit C le cercle. Le centre se trouve sur OA prolongé, et aussi sur la bissectrice de l'angle AHM, AH étant perpendiculaire sur la ligne des centres.

2° Tangent à un cercle O et à une droite MN en un point A donné.

(Fig. 90.) Soit C le cercle. Le centre se trouve sur la perpendiculaire AC. Prolongez AC de AH = OD et joignez HO : le centre se trouve aussi sur la perpendiculaire élevée sur le milieu de la base du triangle HCO.

9.

*Construire un cercle tangent à un cercle en un point donné, et passant par un point donné.*

(Fig. 91.) Soit C le cercle cherché passant par A et tangent au cercle O au point B donné. Le centre se trouve sur OB prolongée et sur une perpendiculaire passant par le milieu de la corde AB.

10.

*Construire un triangle égal à un triangle donné, et dont les côtés passent par trois points donnés.*

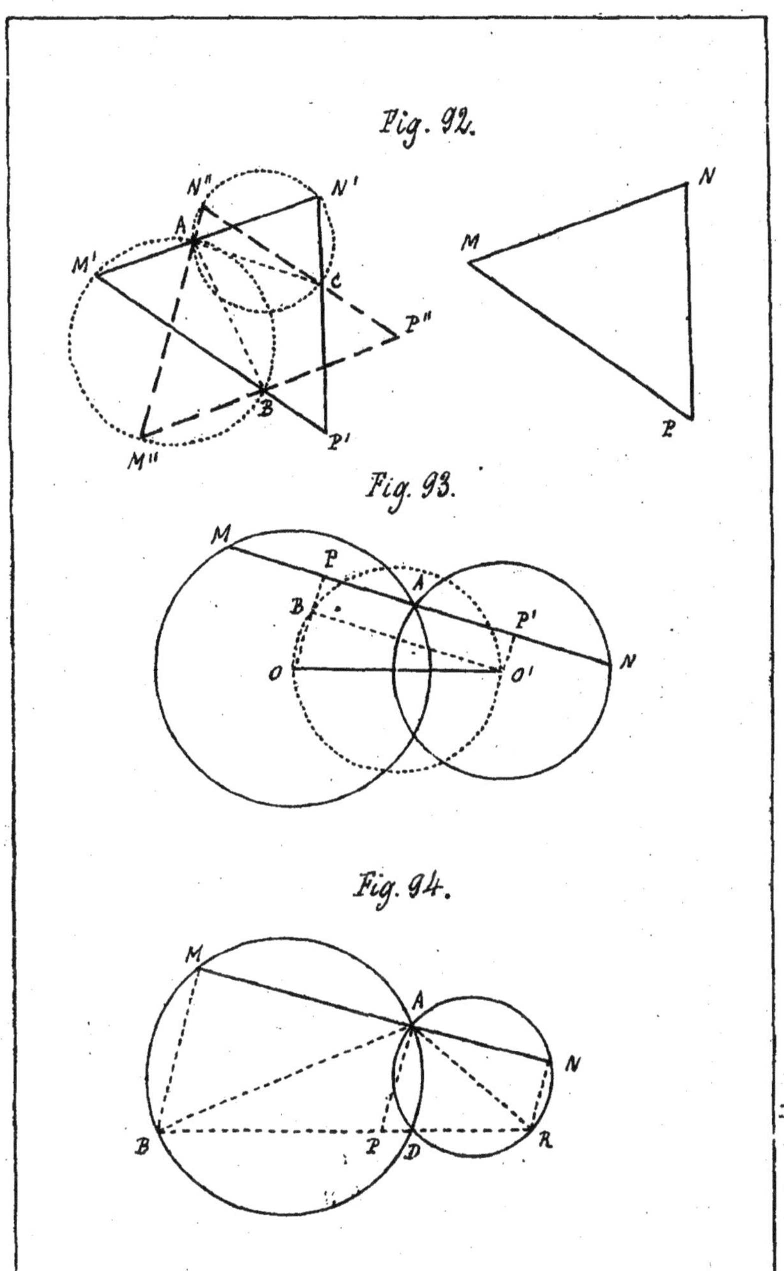
Fig. 92.
N"
N'
A
M'
C
P"
B
M"
P'
M
N
P
Fig. 93.
M
P
A
B
P'
O
O'
N
Fig. 94.
M
A
N
B
P
D
R

(Fig. 92.) Soient A, B, C, les points donnés et MNP le triangle donné.

Joignez AB, AC. Sur AB décrivez un segment capable de l'angle M, sur AC un segment capable de l'angle N, puis par A menez M'N'=MN (Probl. 11.).

Tirez N'CP', M'BP' ; les triangles MNP, M'N'P', sont égaux.

11.

*Etant données deux circonférences qui se coupent, mener, par un de leurs points d'intersection, une droite* MN, *telle que la distance* MN, *comprise entre les deux points d'intersection de cette droite avec les deux circonférences, soit égale à une droite donnée.*

(Fig. 93.) Soit MN = l. Menez les perpendiculaires OP, O'P', et par O', O'B parallèle à MN. Il vient $O'B = PP' = \frac{MN}{2}$ : donc le triangle BOO' est déterminé ainsi que la direction de la droite MN.

Il y a plusieurs solutions.

12.

*Mener par le point* A *la droite* MAN, *de sorte qu'on ait* $\frac{MA}{AN} = \frac{m}{n}$.

(Fig. 94.) Tirez les diamètres AB, AR, joignez BR. Les cordes BM, RN et la perpendiculaire AP à MN sont 3 droites parallèles. D'où $\frac{AM}{AN} = \frac{BP}{PR} = \frac{m}{n}$: relation qui fixe la position du point P.

Remarque. Les 3 points B, D, R, sont en ligne droite.

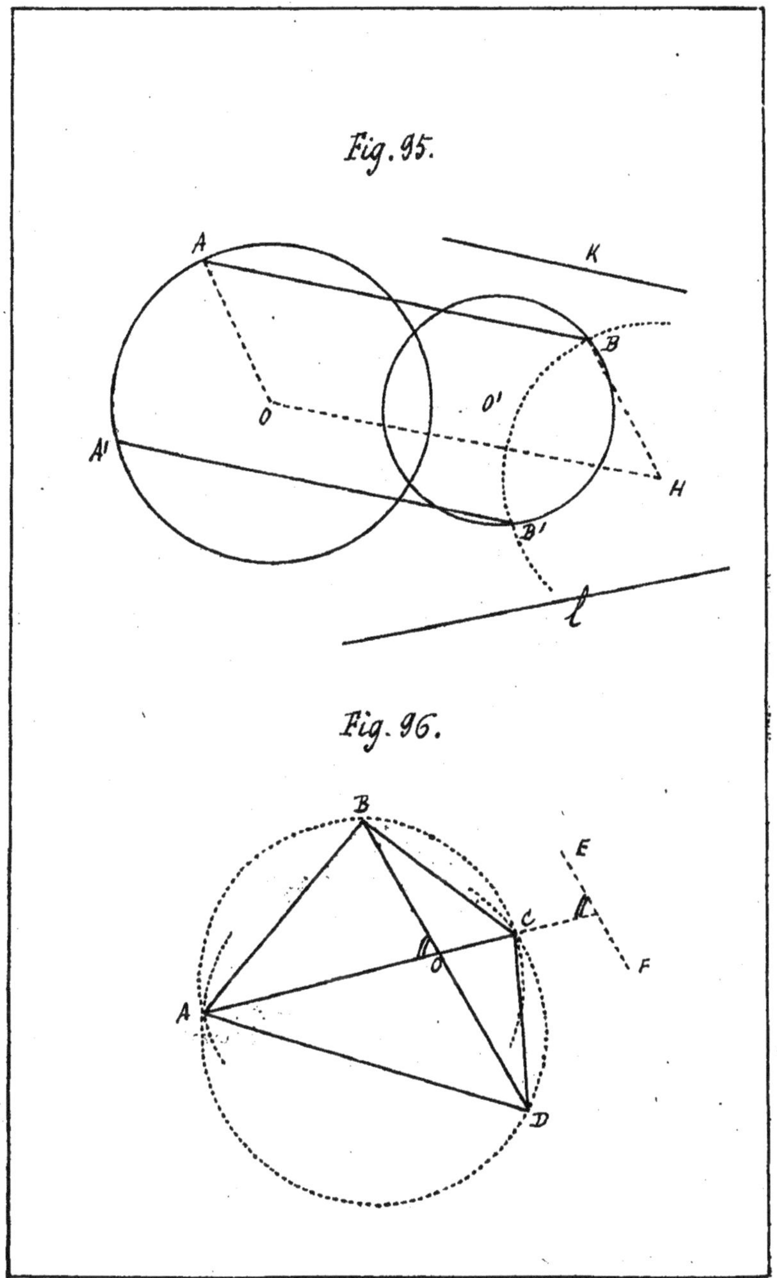


Fig. 95.

Fig. 96.

13.

*Mener par le point* A *la droite* MAN, *de sorte que* AM = AN.

(Fig. 94.) Voyez le problème 12.

14.

*Etant données deux circonférences, mener une sécante parallèle à une ligne donnée, telle que la partie comprise soit égale à une ligne donnée.*

(Fig. 95.) Soit AB la sécante. Si par O, vous menez OH parallèle à K et égale à l, la figure ABHO est un parallélogramme et OA = BH. Le point H étant déterminé de position, on trouve B et B' en décrivant un arc de cercle.

15.

*Construire un quadrilatère, connaissant deux angles opposés les diagonales et leur angle.*

(Fig. 96.) Sur AC décrivez un segment capable de l'angle B, et un segment capable de l'angle D, puis tracez une droite EF faisant avec AC l'angle des diagonales et menez enfin parallèlement à EF la sécante BD telle que la partie comprise soit égale à la diagonale donnée.

16.

*Etant donnés deux cercles, trouver un point tel que les tangentes menées à ces cercles soient égales, et fassent un angle donné.*

(Fig. 97.) Soit AM = AN et l'angle MAN = a. Tirez MO, NO', et prolongez jusqu'en B. L'angle B = 180° — A ; en traçant la diagonale AB vous aurez BM = BN.

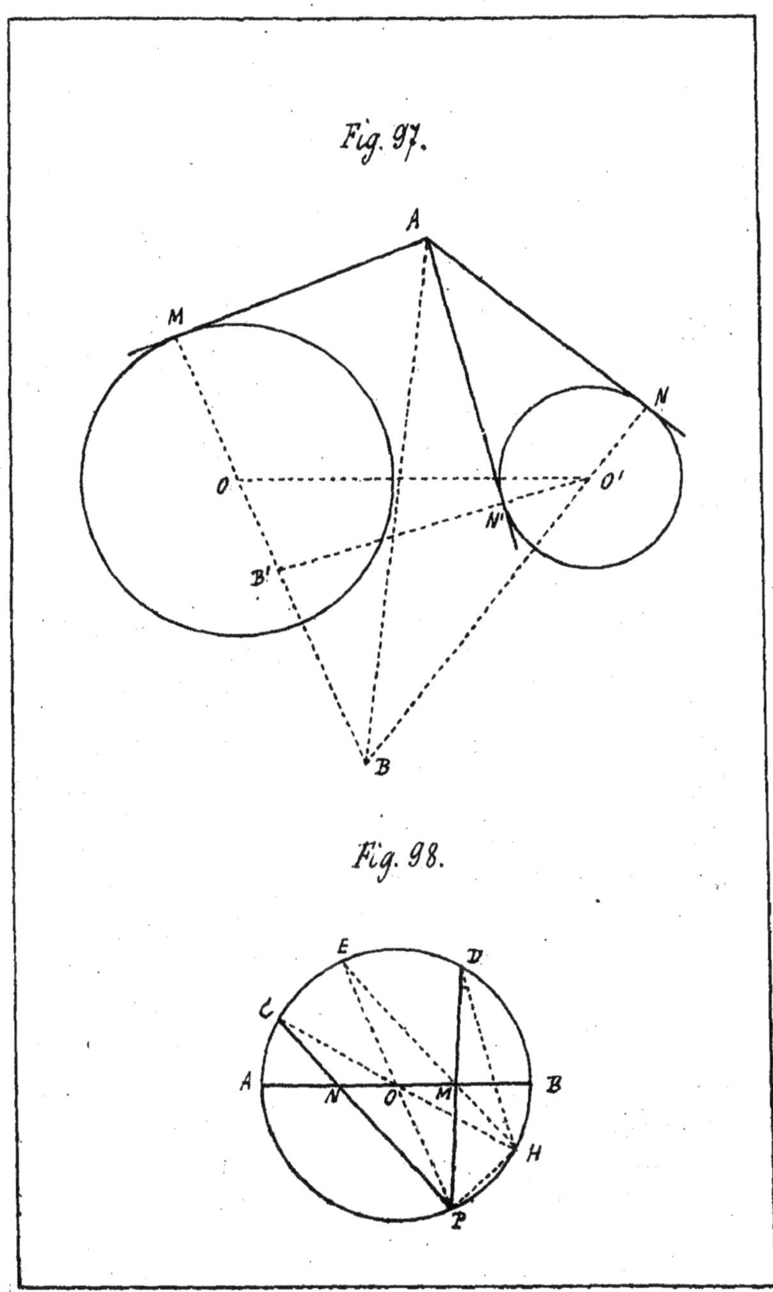
Fig. 97.
A
M
N
O
O'
N'
B'
B
Fig. 98.
E
D
C
A
N
O
M
B
H
P

Dans le triangle BOO', on connaît la base OO' l'angle opposé B, et la différence des deux autres côtés, car : $BM=BO+OM$, $BN=BO'+O'N$ d'où $BO'-BO=OM-O'N$.

Le triangle BOO' fixe la position du point B (probl. 5.) et par suite celle du point A, qui du reste appartient à l'axe radical des circonférences O et O'.

Remarque. Si vous considérez les tangentes AM, AN', vous aurez :

$B'M=B'O+OM$, $B'N'=B'O'-O'N'$, d'où $B'O'-B'O=OM+O'N'$.

## 17.

*Etant donnés l'arc* CD *et le diamètre* AB, *trouver sur la circonférence un point* P, *tel qu'en tirant les droites* PD, PC, *on ait* $OM=ON$.

(Fig. 98.) Soit le problème résolu. Menez le diamètre COH, le point H sera connu ; tirez HME, les triangles NOC, MOH, donnent l'angle $NCO=OHM$, donc CP et HE sont parallèles.

Le problème sera résolu lorsqu'on connaîtra le point M.

Comme $CP=EH$, que CH est un diamètre, PE sera un autre diamètre. En joignant PH l'angle EHP sera droit.

$$\text{L'angle } HPM=\frac{HB+BD}{2}=\frac{AC+BD}{2}$$

d'où $HMD=MHP+HPM=90^0+\frac{AC+BD}{2}$, donc HMD est connu.

Construction. Sur HD décrivez un segment capable de l'angle HMD, ce qui fournira le point M ; joignez HM et par C menez une parallèle, vous obtiendrez le point P demandé.

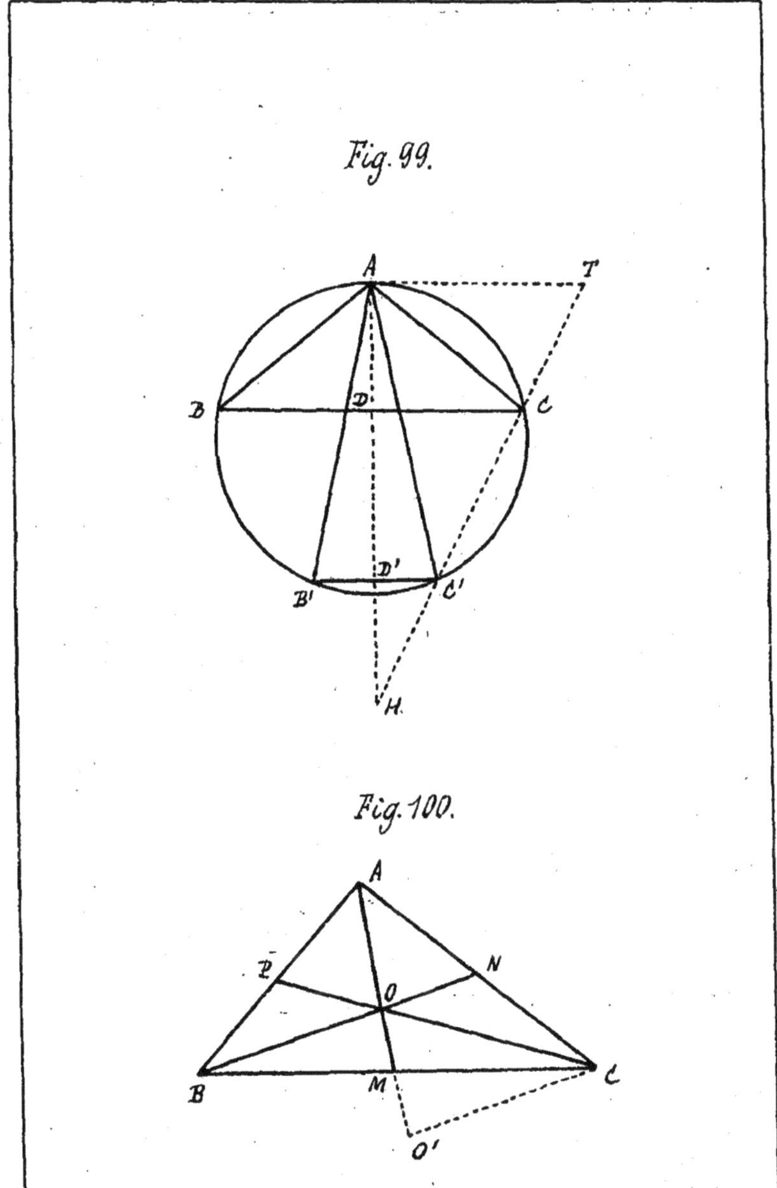
Fig. 99.
A
T
B
D
C
D'
B'
C'
H.
Fig. 100.
A
P
N
O
B
M
C
O'

## 18.

*Inscrire dans un cercle un triangle isocèle, connaissant la somme de la base et de la hauteur.*

(Fig. 99.) Soit AB le triangle isocèle tel que $AD + BC = l$.

Prolongez AD jusqu'en H, tel que $AH = l$ et sur la tangente AT menée par A, prenez $AT = \frac{l}{2}$; joignez HT qui rencontre généralement la circonférence en 2 points C et C'.

Le triangle AB'C' est une seconde solution, car $D'C' = \frac{D'H}{2}$ d'où $AD' + B'C' = l$.

REMARQUE. Il y a une solution ou pas de solution suivant la rencontre de la droite HT avec la circonférence.

## 19.

*Construire un triangle, connaissant les trois médianes.*

(Fig. 100.) Soit ABC le triangle. Prolongez AM de $MO' = OM$, on a : $CO' = OB$. Le triangle COO' connu, étant construit, construisez ABC.

REMARQUE. Le triangle COO' servirait aussi à construire un triangle BOC dans lequel seraient donnés deux côtés BO, OC, et une médiane OM.

## 20.

*Construire un triangle connaissant les trois hauteurs.*

Soient $a$, $b$, $c$, les côtés du triangle, et $h$, $h'$, $h''$, les hauteurs correspondantes, on a : $a.\,h = b.\,h' = c.\,h''$.

$$b\left(\frac{hh'}{h''}\right) = \frac{chh''}{h''} \text{ d'où } \frac{a}{h'} = \frac{b}{h} = \frac{c}{\left(\frac{h.\,h'}{h''}\right)}$$

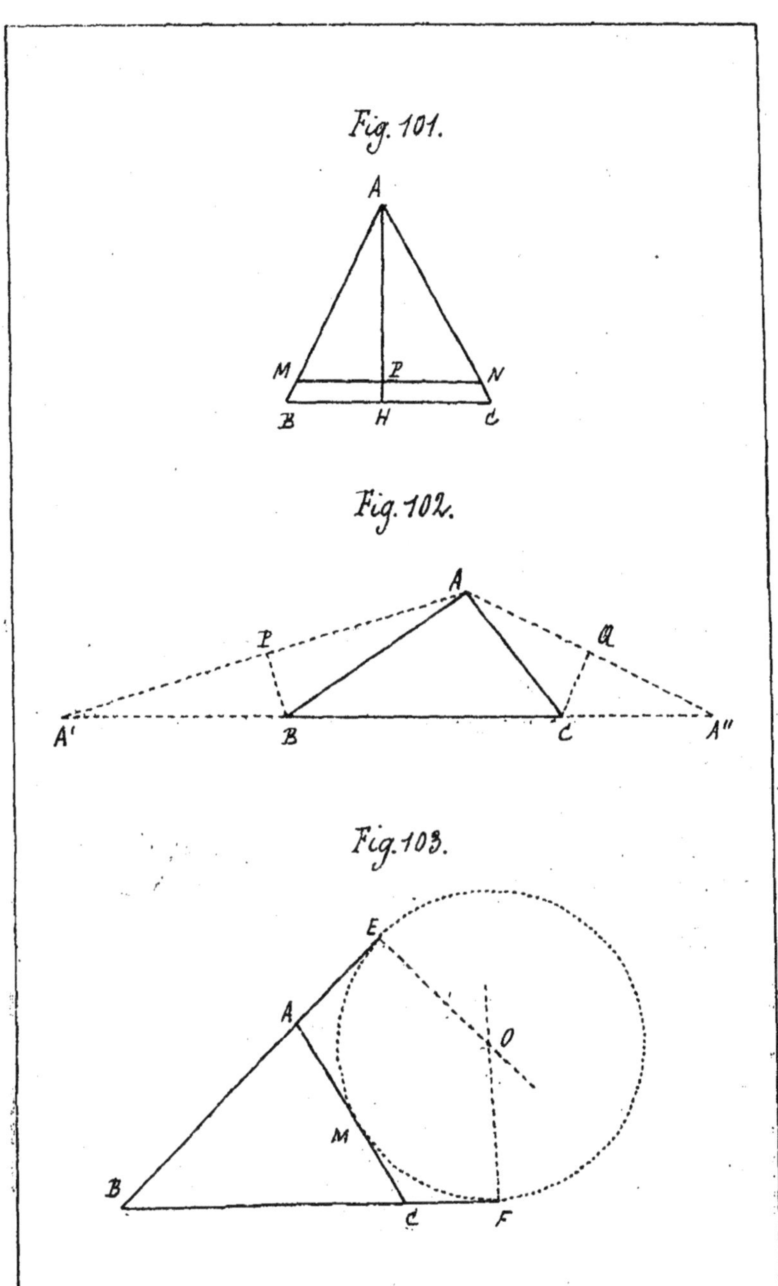
Fig. 101.
A
M
P
N
B
H
C
Fig. 102.
A
P
Q
A'
B
C
A''
Fig. 103.
E
A
O
M
B
C
F

relation qui montre que le triangle cherché est semblable à celui dont les côtés seraient $h'$, $h$ et $\left(\frac{h.\,h'}{h''}\right)$, ce dernier étant une quatrième proportionnelle à $h''$, $h$ et $h'$.

CONSTRUCTION. (Fig. 101.) Avec $h'$, $h$ et $\left(\frac{h.\,h'}{h''}\right)$ construisez AMN. De A abaissez la perpendiculaire AP, prenez $AH = h$ et par H menez BC parallèle à MN. Le triangle demandé est ABC.

## 21.

*Construire un triangle connaissant les angles et le périmètre, ou bien les angles et la surface.*

1° Les angles et le périmètre.

1er MOYEN. (Fig. 102.) Soit ABC le triangle. Développez le périmètre en A'BCA".

Les triangles A'BA, ACA" sont isocèles, l'angle $A' = \frac{B}{2}$ et $A'' = \frac{C}{2}$.

Du triangle A'AA" connu, on passe facilement au triangle ABC.

2e MOYEN. (Fig. 103.) Sous un des angles B prenez les longueurs $BE = BF =$ le $\frac{1}{2}$ périmètre, tracez la circonférence O dont on trouve aisément le rayon, puis menez sous l'angle BCA une droite AC tangente à la circonférence. ABC est le triangle demandé.

3e MOYEN. Construisez un triangle semblable quelconque dont $a$, $b$, $c$, sont les côtés ; il ne reste plus qu'à déterminer les côtés $x$, $y$, $z$, du triangle cherché.

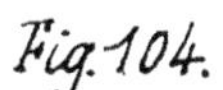

Fig. 104.

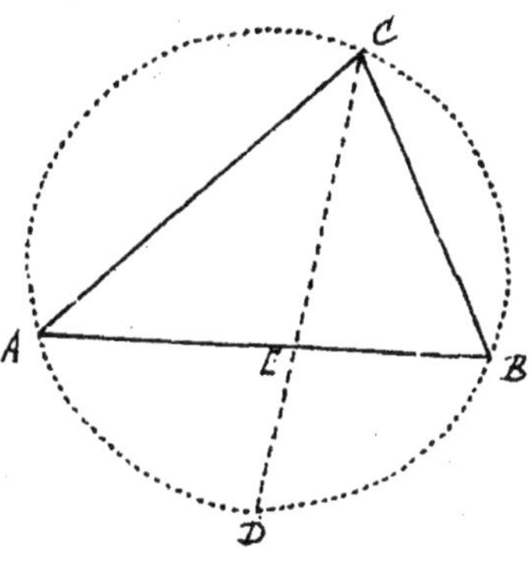


Fig. 105

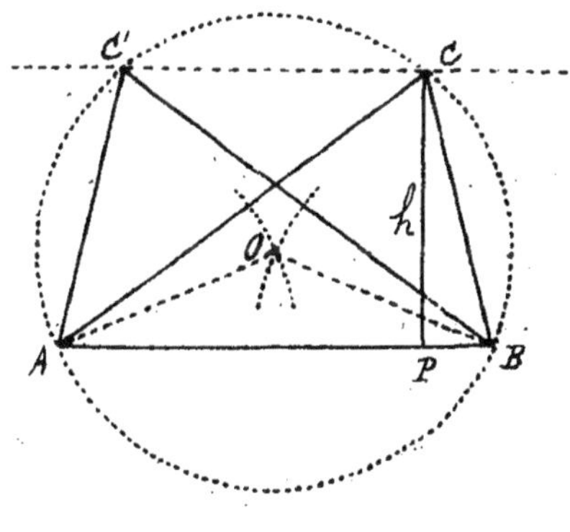

La relation $\frac{a}{x} = \frac{b}{y} = \frac{c}{z} = \frac{a+b+c}{(x+y+z) \text{ ou } 2p}$ servira à déterminer chacun des côtés inconnus.

2e Les angles et la surface.

Soit un triangle quelconque T renfermant les angles donnés, Q un carré équivalent au triangle T' cherché. Construisez un triangle T' semblable à T et équivalent à Q.

## 22.

*Construire un triangle, connaissant la base, l'angle opposé et le rapport des deux autres côtés.*

(Fig. 104.) Soit ABC le triangle et AB la base.

On a : $\frac{AC}{CB} = \frac{m}{n}$.

Menez la bissectrice de C, il vient : $\frac{AE}{EB} = \frac{m}{n}$.

Donc : divisez la base dans le rapport $\frac{m}{n}$, sur AB décrivez un segment capable de C, prenez D milieu de ADB, joignez DE et prolongez jusqu'en C.

## 23.

*Construire un triangle, connaissant la base, la hauteur et le rectangle des deux autres côtés.*

(Fig. 105.) Soit ABC le triangle, AB la base, $h$ la hauteur et AC. CB $= K^2$.

On a : AC. CB $= h.\ 2\,R = K^2$ d'où $R = \frac{K^2}{2h} =$ OA.

Des points A et B comme centres avec R comme rayon décrivez des arcs de cercle qui se rencontrent en O. Tracez

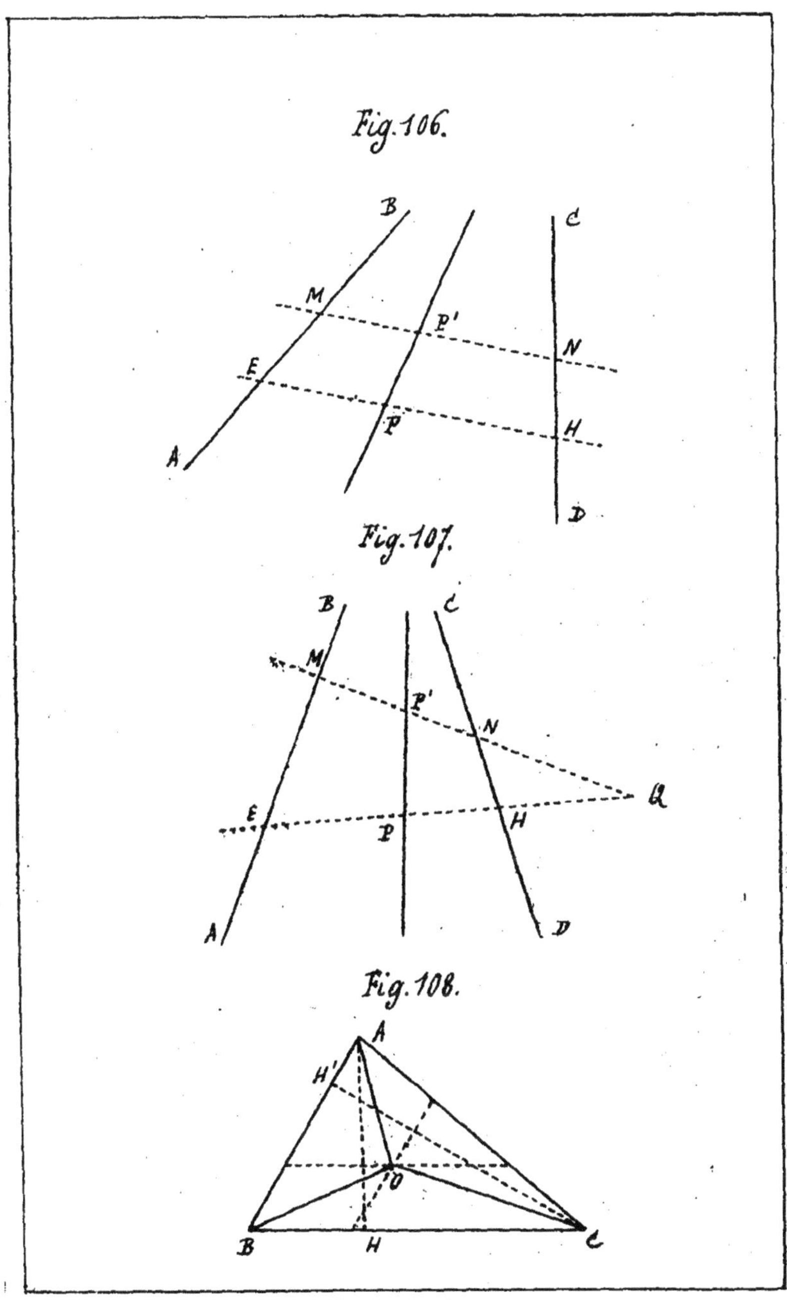
Fig. 106.
B
C
M
P'
N
E
P
H
A
D
Fig. 107.
B
C
M
P'
N
Q
E
P
H
A
D
Fig. 108.
A
H'
O
B
H
C

la circonférence OA, et menez à la distance $h$, CC' parallèle à AB. Les solutions sont ABC, ABC'.

24.

*Deux droites étant données, qu'on peut prolonger jusqu'à leur point de concours, mener, par un point donné, une droite qui irait à ce point de concours.*

1er MOYEN. (Fig. 106). Coupez les droites données AB, CD, par deux parallèles dont l'une passe par le point P donné. Supposez un instant connu sur MN le point P' tel que PP' prolongée passe par le point de concours O.

On a : $\frac{MN}{EH} = \left(\frac{MO}{EO}\right) = \frac{MP'}{EP}$ d'où $MP' = \frac{MN.\,EP}{EH}$; relation qui fixe la position du point P'.

2e MOYEN. (Fig. 107.) Par P menez une sécante quelconque EQ, et cherchez Q le conjugué harmonique de P par rapport à E et H. Par Q menez une sécante QM, et cherchez P' conjugué harmonique de Q par rapport à M et N. La droite PP' polaire du point Q par rapport aux droites données passera par leur point de concours.

25.

*Trouver dans un triangle un point tel qu'en le joignant aux trois sommets, le triangle soit partagé en trois triangles équivalents.*

1er MOYEN. (Fig. 108.) Au $\frac{1}{3}$ de la hauteur AH menez une parallèle à la base BC, puis au $\frac{1}{3}$ de la hauteur CH' menez une parallèle à la base AB. L'intersection de ces deux parallèles donnera le point O cherché.

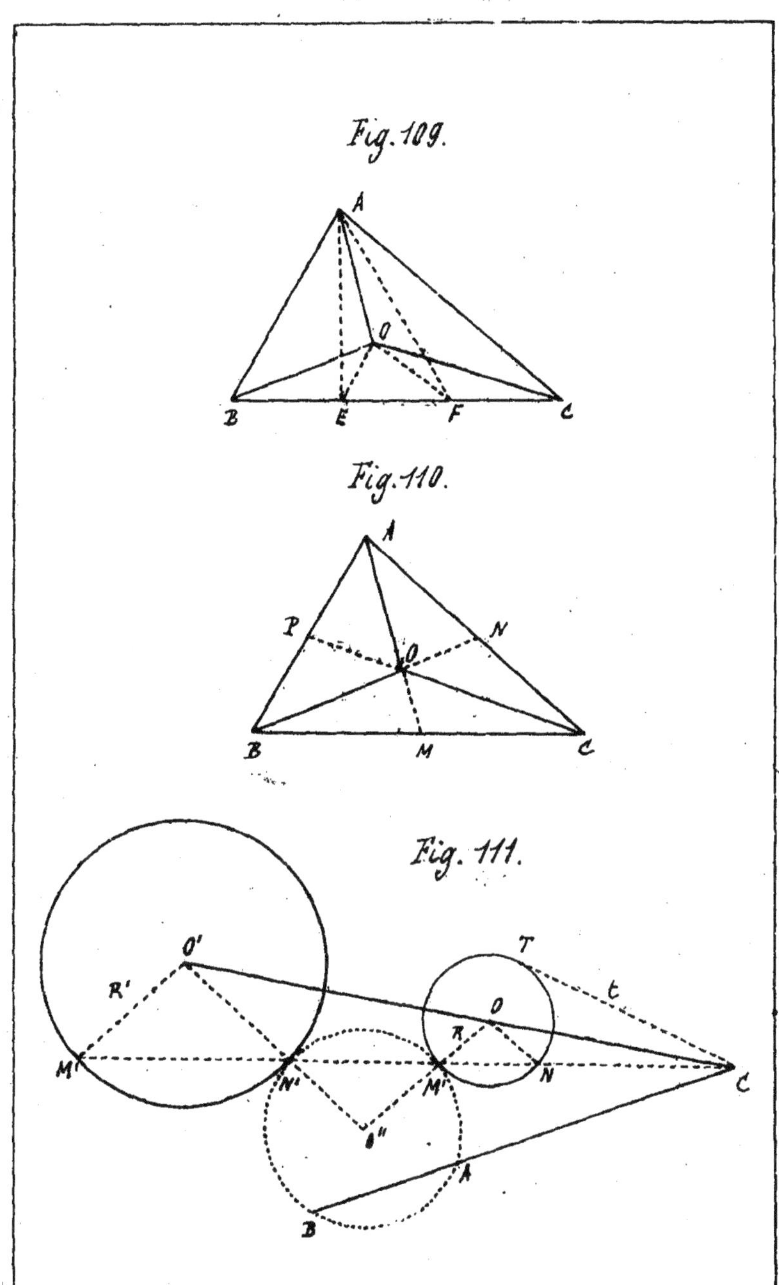


Fig. 109.

Fig. 110.

Fig. 111.

MOC $= \frac{1}{3}$ ABC, AOB $= \frac{1}{3}$ ABC, donc AOC $= \frac{1}{3}$ ABC.

2e MOYEN. (Fig. 109.) Divisez BC en trois parties égales, et par les points de division menez EO, FO, parallèles à AB, AC. Le point O sera le point demandé.

En effet, tirez AE, AF; ABO $= \frac{1}{3}$ ABC = ACF = AOC, donc BOC $= \frac{1}{3}$ ABC.

3e MOYEN. (Fig. 110.) Menez les médianes.
BAM=AMC et BOM=MOC d'où BAM—BOM=AMC—COM ou AOB=AOC. De même AOB=BOC.

## 26.

*Décrire un cercle passant par un point, et tangent à deux cercles donnés.*

1er MOYEN. (Fig. 111.) Soit O" le cercle demandé passant par le point A donné. Prolongez M'N'MN, droite des points de contact jusqu'à sa rencontre en C avec la ligne des centres. Les parallèles M'O' et O"O, ON et O'O", (Th. 3) indiquent que C est le centre de similitude directe de O' et O. (app. Livre III).

On a : $\frac{R}{R'} = \frac{CO}{CO'} = \frac{CN}{CN'} = \frac{CN.CM}{CN'.CM} = \frac{t^2}{CB.CA}$ d'où $\frac{R}{R'} = \frac{t^2}{CB.CA}$

Le problème est donc ramené à :

1° Construire sur CA un rectangle qui soit à un rectangle donné dans le rapport $\frac{R}{R'}$.

2° Construire une circonférence passant par A et B et tangente à une circonférence donnée O ou O'.

2me MOYEN. (Fig. 112.) Soit le problème résolu.

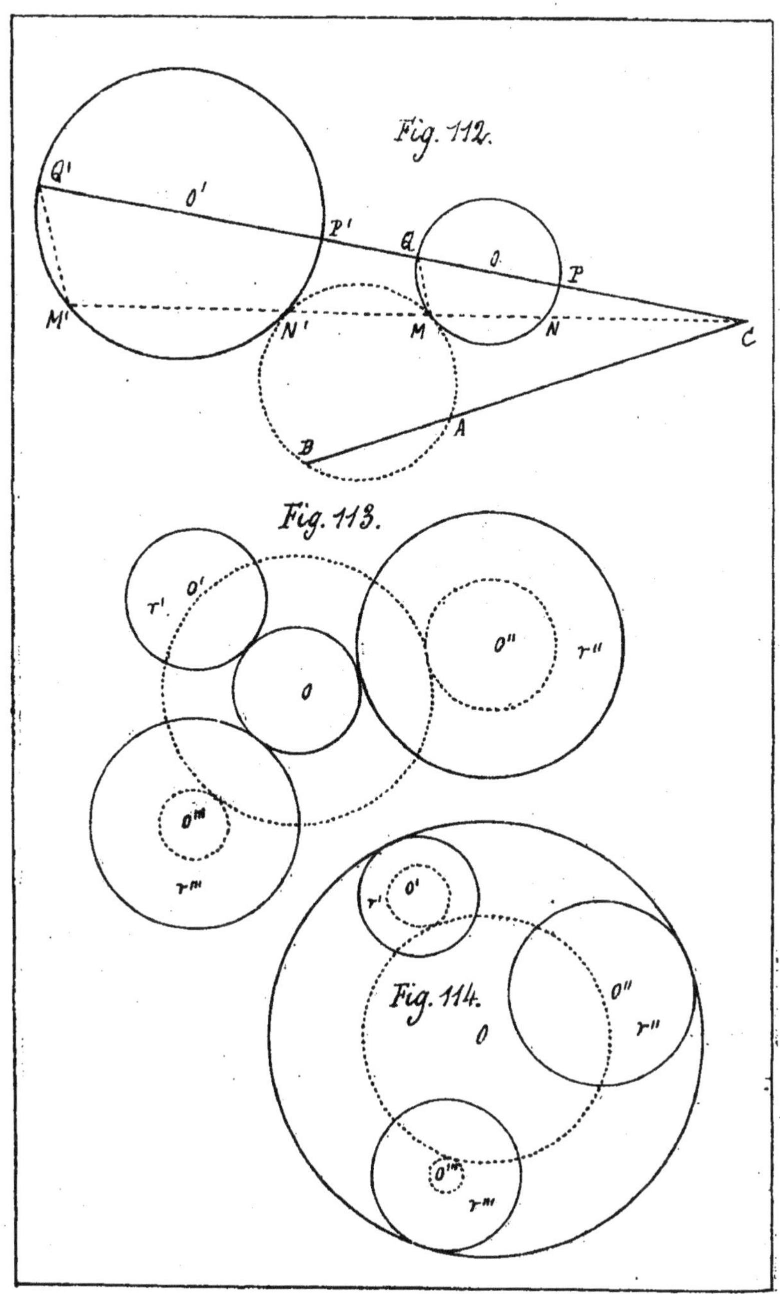
Fig. 112.
Q'
O'
P'
Q
O
P
M'
N'
M
N
C
A
B
Fig. 113.
r'
O'
O
O''
r''
O'''
r'''
Fig. 114.
r'
O'
O''
r''
O
O'''
r'''

En joignant et prolongeant N' et M, centres de similitude interne des circonférences (OO") et (O"O) vous obtenez C centre de similitude externe de O' et O. (app. Liv. III.) On a :

$$\frac{CM'}{CM}=\frac{CQ'}{CQ} \quad \ldots\ldots \quad CM'.CQ=CM.CQ'$$

$$CP'.CQ=CN'.CM'$$

$$\text{d'où } CP'.CQ=CN'.CM=CB.CA$$

par suite CP'.CQ=CB.CA, c'est à dire que les 4 points B, P', Q, A, sont sur une même circonférence. Donc :

1° Déterminez C puis B.

2° Construisez une circonférence passant par A et B et tangente à une circonférence O ou O'.

Remarque. Ce problème admet quatre solutions.

## 27.

*Décrire un cercle tangent à trois cercles donnés.*

(Fig. 113.) Soit O le centre du cercle cherché. Remarquez que ce cercle a même centre qu'un cercle tangent à deux autres de rayons (r"—r') et (r'"— r') et passant par O', centre de la plus petite des 3 circonférences données. La question est donc ramenée au problème 26.

Autre cas. (Fig. 114.) De O' décrire une circonférence avec (r"— r'), de O'" une circonférence avec (r"— r'"), puis une circonférence passant par O" et tangente aux deux dernières.

Remarque. Les circonférences données peuvent être touchées toutes trois extérieurement ou toutes trois intérieurement; chacune peut être touchée extérieurement et les deux autres intérieurement, ou bien intérieurement et les deux autres extérieurement.

On trouve aisément ces huit solutions.

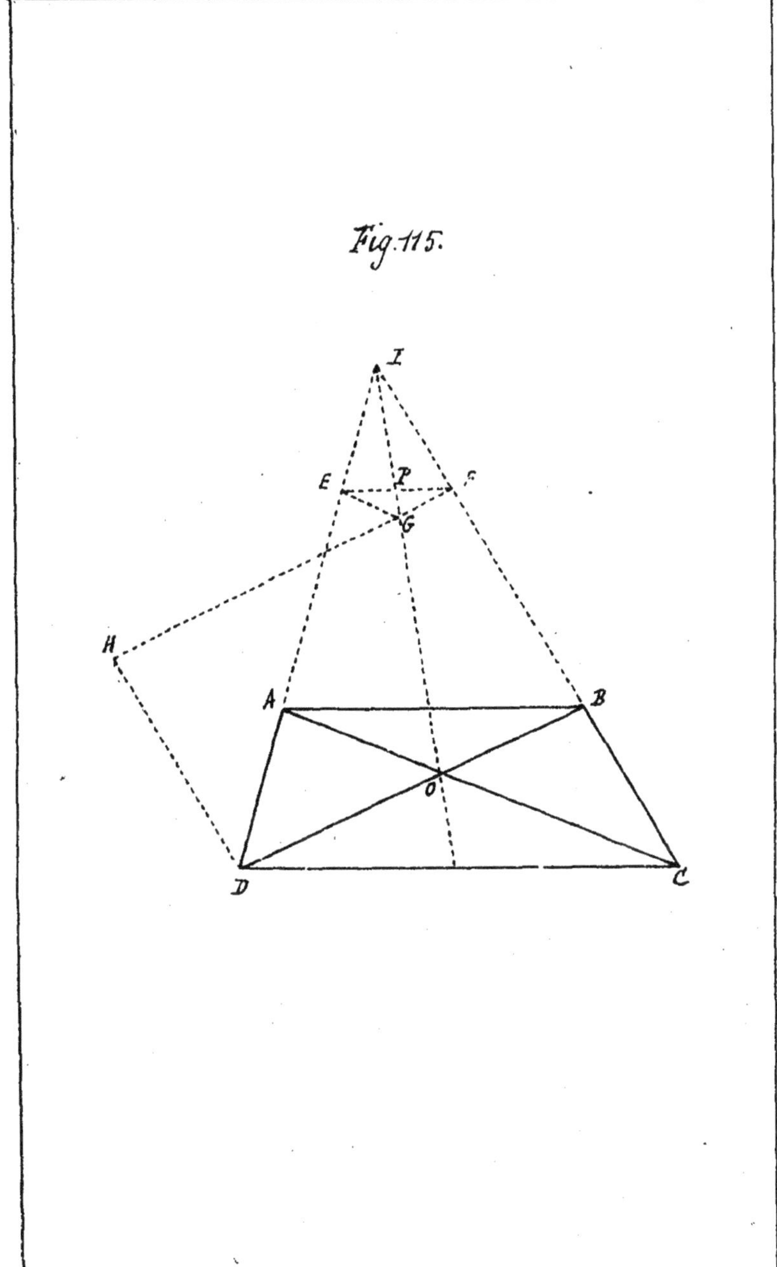
Fig. 115.
I
E
P
F
G
H
A
B
O
D
C

## 28.

*Construire un trapèze, connaissant les angles et les diagonales.*

(Fig. 115.) Soit ABCD le trapèze. Prolongez AD, BC, jusqu'en I : l'angle I est connu. Menez dans cet angle parallèlement aux bases une droite quelconque EF, et faites EFG semblable à ABO. Les triangles AOB, COD, donnent : $\frac{AO}{OC} = \frac{OB}{OD}$ où $\frac{AO + OC}{AO} = \frac{OB + OD}{OD}$, d'où $\frac{AC}{BD} = \frac{AO}{BO} = \frac{EG}{GF}$.

Le rapport $\frac{AO}{BO}$ est donc connu. Or, le triangle AOB et tous les triangles qui lui sont semblables et construits sur des droites telles que EF et du même côté, ont leurs sommets sur la médiane AM. (Th. 20.)

Construction. Dans l'angle I, sur une droite quelconque EF faisant avec les côtés de l'angle I des angles égaux à D et C, construisez le triangle EGF. Le sommet G se trouve à l'intersection de la médiane IP et du lieu des points dont les distances aux points E et F sont dans le rapport $\frac{AC}{BD}$. (Liv. III. prop. XVIII). Prenez FH = BD, menez HD parallèle à IC et DB parallèle à HF ; enfin BA et DC parallèles à EF.

Remarque. Suivant la rencontre de la médiane et de la circonférence lieu géométrique, il y a 1, 2 ou pas de solution.

## 29.

*Etant données trois circonférences concentriques, construire un triangle semblable à un triangle donné, dont les trois sommets reposent sur ces circonférences.*

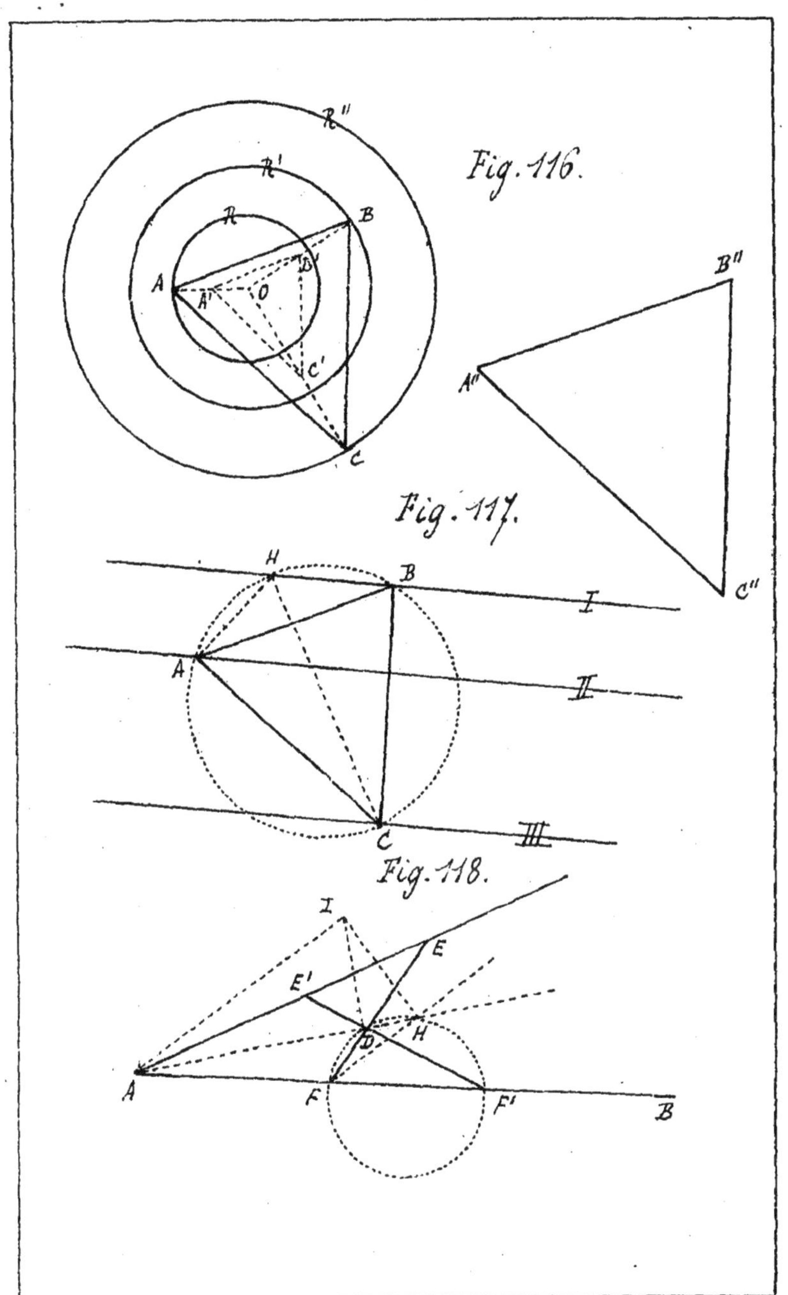
Fig. 116.
R''
R'
R
A
B
C
A'
B'
C'
O
A''
B''
C''
Fig. 117.
H
B
A
C
I
II
III
Fig. 118.
I
E
E'
D
H
A
F
F'
B

(Fig. 116.) Soit ABC le triangle, tirez OA, OB, OC. Construisez par un point A' quelconque de OA un triangle A'B'C' semblable à ABC et au triangle donné.

On a : (1) $\frac{A'O}{B'O} = \frac{R}{R'}$, (2) $\frac{A'O}{C'O} = \frac{R}{R''}$

Ces rapports déterminent la position du point O.

Construction. Faites un triangle A'B'C' semblable à A"B"C" ; déterminez le point O par la rencontre de deux lieux géométriques (Liv. III. prop. XVIII.), fournis par (1) et (2). Joignez OA', OB', OC'. et prolongez. Prenez des longueurs OA = R, OB = R', OC = R", décrivez les circonférences et enfin joignez A, B et C.

*Même problème, en remplaçant les circonférences par trois droites parallèles.*

(Fig. 117.) Soit ABC le triangle, tracez le cercle circonscrit et tirez HA, HC.

On a : BHC = BAC = A", AHC = ABC = B".

Construction. En un point H quelconque de la parallèle I et avec cette droite faites un angle égal à B", ce qui fournira le point C ; à la suite un angle égal à A" ce qui donnera A. Décrivez la circonférence CAH et joignez A, B et C.

## 30.

*Par un point donné dans un angle mener une droite, telle que le produit des segments compris entre le point et chacune des droites soit égal à un carré donné.*

(Fig. 118.) Soit FDE la droite menée par le point D, telle que ED. FD = $K^2$. Joignez AD et au point F faites l'angle DFH = CAD. Les triangles DAE, FDH, donnent :

$\frac{AD}{DF} = \frac{ED}{DH}$ d'où AD. DH = DF. ED = $K^2$

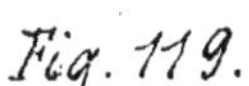

Fig. 119.

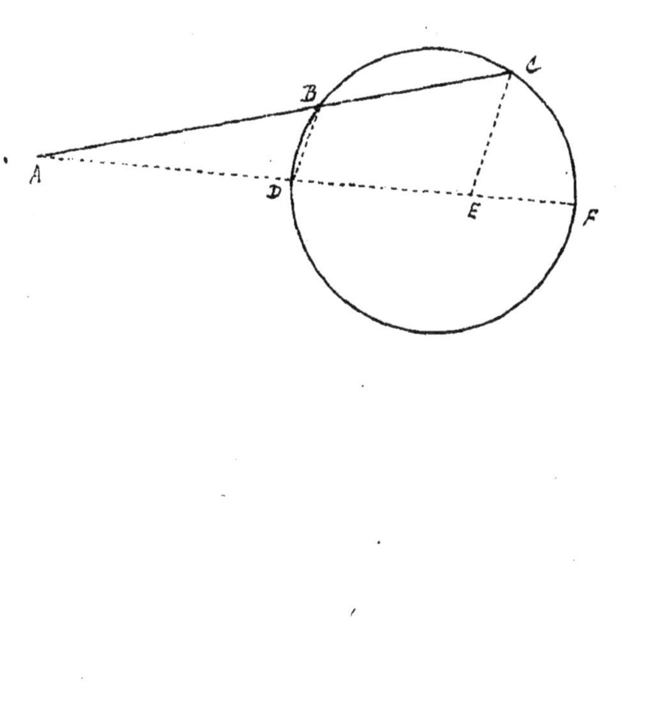

relation qui fixe la position du point H. Le point F est aussi fixé.

Construction. Menez AD, au point D élevez la perpendiculaire DI = K, joignez AI et élevez la perpendiculaire IH, ce qui détermine le point H. (Liv. III. prop. XXVIII); sur DH décrivez un segment capable de l'angle CAD, et les points d'intersection F et F' de cet arc avec la droite AB déterminent les solutions EDF, E'DF'.

## 31.

*Par un point donné dans le plan d'un cercle, mener une droite, telle que les distances de ce point aux points d'intersection de la droite et du cercle soient entr'elles dans le rapport de* m *à* n.

(Fig. 119.) Soit ABC la sécante menée par A, telle que $\frac{AB}{AC}=\frac{m}{n}$.

Par A faites passer le diamètre AF, menez les parallèles BD, CE. On a :

$$(1)\ \frac{AB}{AC}=\frac{AD}{AE}=\frac{m}{n} \qquad (2)\ \frac{AF}{AC}=\frac{AB}{AD}=\frac{AC}{AE}$$

(1) Indique la position du point E, (2) indique que AC est une moyenne proportionnelle entre AF et AE.

## 32.

*Par un point donné et par le centre d'un cercle, faire passer une circonférence, telle que la corde commune soit égale à une ligne donnée.*

(Fig. 120.) Soit C la circonférence passant par A et O et telle que MN = $l$.

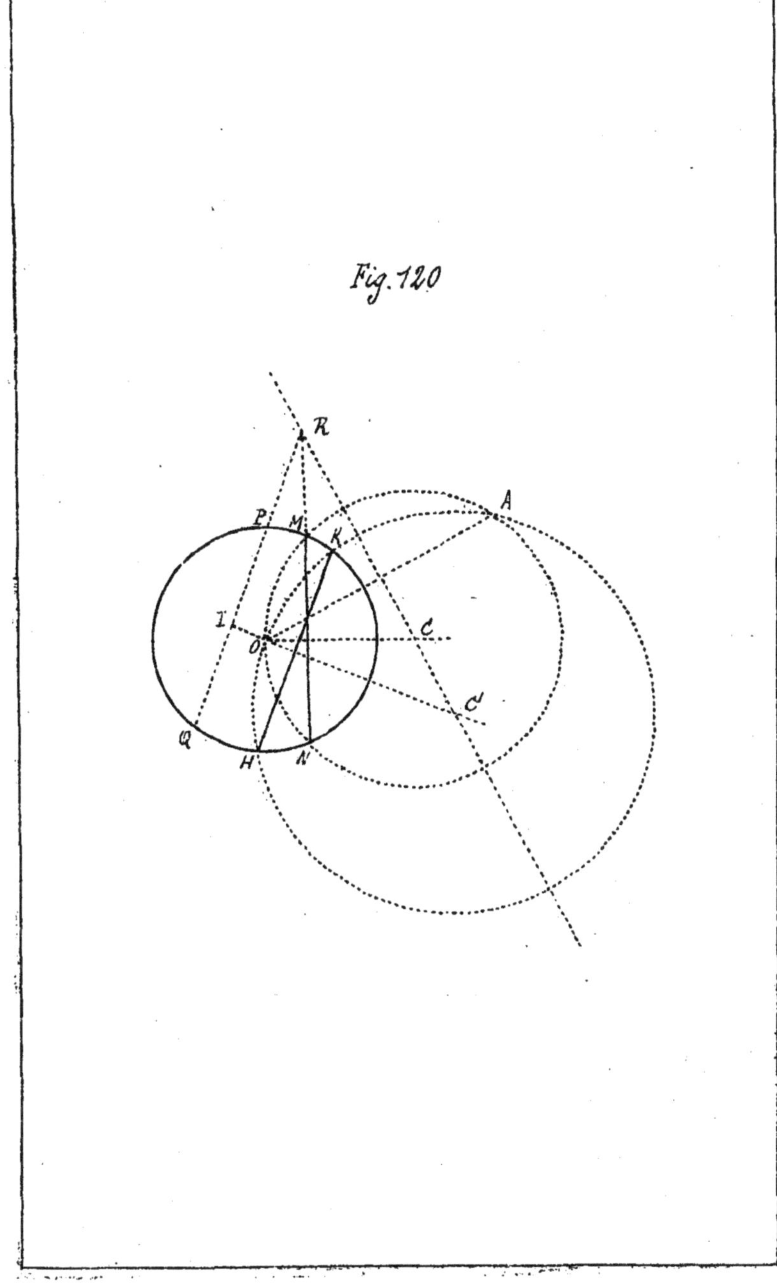
Fig. 120
R
A
P
M
K
I
C
O
C'
Q
H
N

Les perpendiculaires élevées sur le milieu de OA et de MN déterminent le centre du cercle NOMA.

Construction. Sur le milieu de OA élevez une perpendiculaire, par un point R quelconque de cette droite menez MN telle que MN = $l$ (Probl. 7.), puis menez OC perpendiculaire à MN.

Remarque. Du point R, on peut mener une deuxième sécante RQ telle que PQ = $l$; le point C' est le centre d'un cercle HOKA répondant à la question. La corde commune HK est évidemment la corde PQ = $l$ déplacée parallèlement à elle même de 2 OI.

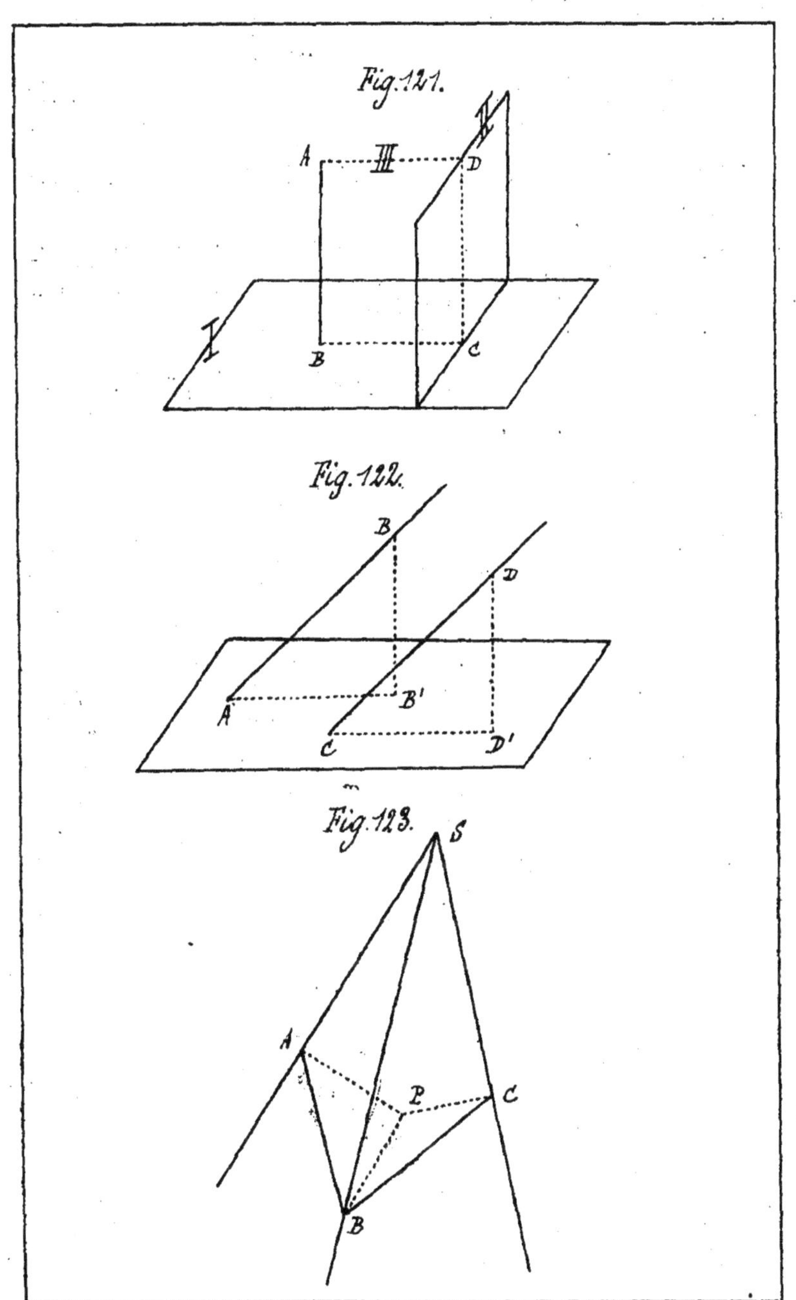
Fig. 121.
II
A
III
D
I
B
C
Fig. 122.
B
D
A
B'
C
D'
Fig. 123.
S
A
P
C
B

# GÉOMÉTRIE DANS L'ESPACE.

## THÉORÈMES.

1.

*Si une droite est perpendiculaire à un plan, tout plan parallèle à cette droite sera perpendiculaire au premier plan.*

(Fig. 121.) Soient, AB la droite, II le plan parallèle.

Menez par AB un plan III coupant I et II; II passant par CD est perpendiculaire à I.

2.

*Deux droites parallèles font des angles égaux avec le même plan.*

(Fig. 122.) Sur les parallèles prenez AB = CD et déterminez les projections.

3.

*Si dans un angle tièdre deux des angles plans sont égaux, les dièdres opposés seront égaux et réciproquement.*

(Fig. 123.) Menez BP, PA, PC, perpendiculaires sur ASC, SA, SC, et soit l'angle ASB = BSC.

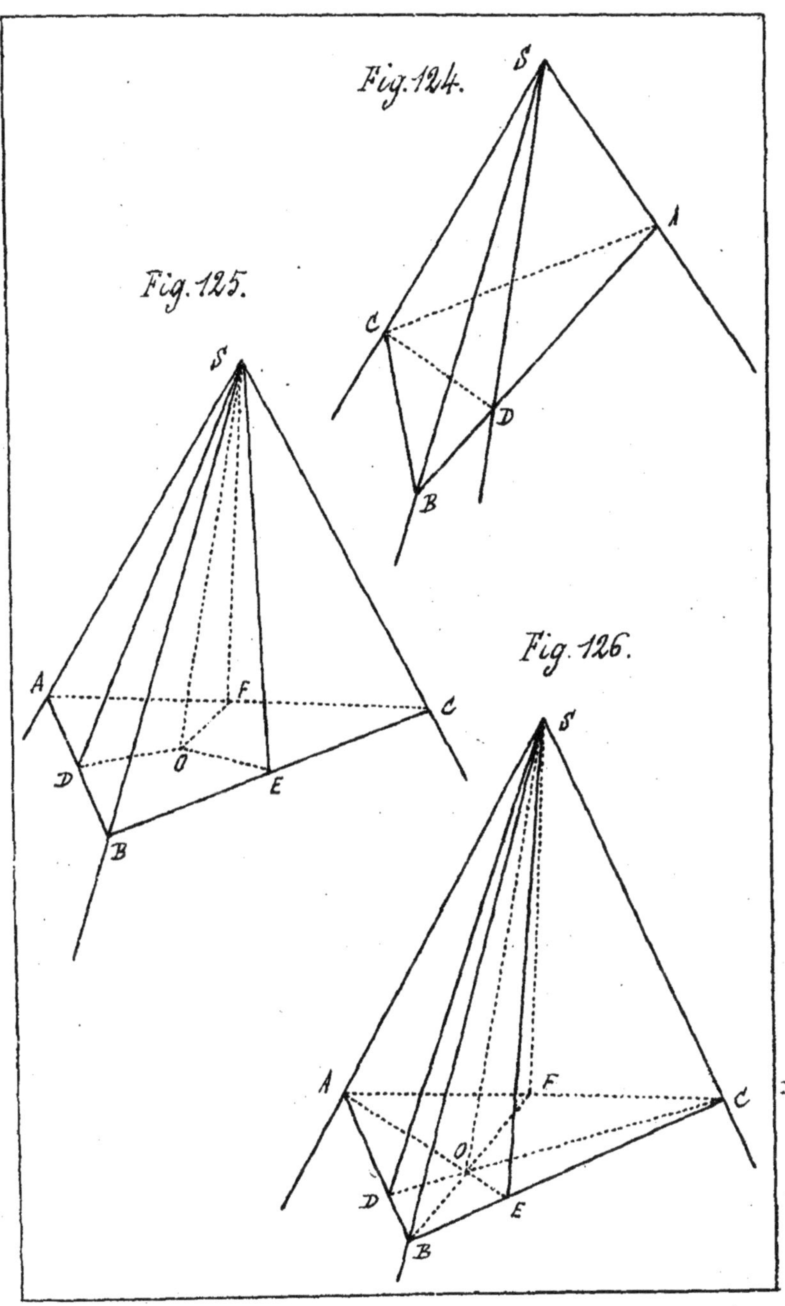


Fig. 124.

Fig. 125.

Fig. 126.

SA et SC auront pour angles plans BAP, BCP, (liv. V, prop. VII). Ces derniers sont égaux.

Réciproquement. Si BAP = BCP, les triangles ASB, BCS, sont égaux.

4.

*Dans un angle trièdre, à un plus grand dièdre est opposée une plus grande face, et réciproquement.*

(Fig. 124.) Soit SC > SB. Menez par SC le plan CSD tel que dans le trièdre SCBD, on ait SC = SD.

$$\text{CSA} < \text{ASD} + \text{CSD ou CSA} < \text{ASD} + \text{DSB}.$$

Réciproquement. Par l'absurde.

5.

*Les trois plans perpendiculaires aux faces d'un angle trièdre, menés suivant les trois bissectrices des angles plans de ce trièdre, se rencontrent suivant la même droite.*

(Fig. 125.) Prenez SA = SB = SC et menez le plan ABC.

Les bissectrices SD, SE, SF, sont perpendiculaires sur les milieux des droites AB, BC, AC. Les intersections du plan ABC avec les plans menés par SD, SE, SF, perpendiculairement aux faces, sont les droites DO, EO, FO, perpendiculaires élevées sur les milieux des côtés du triangle ABC; SO est donc la droite de concours des 3 plans.

6.

*Les trois plans menés suivant les arêtes d'un angle trièdre perpendiculairement aux faces opposées se coupent suivant la même droite.*

(Fig. 126.) Coupez l'angle trièdre S par un plan quelconque ABC et par les arêtes SA, SB, SC, menez les plans

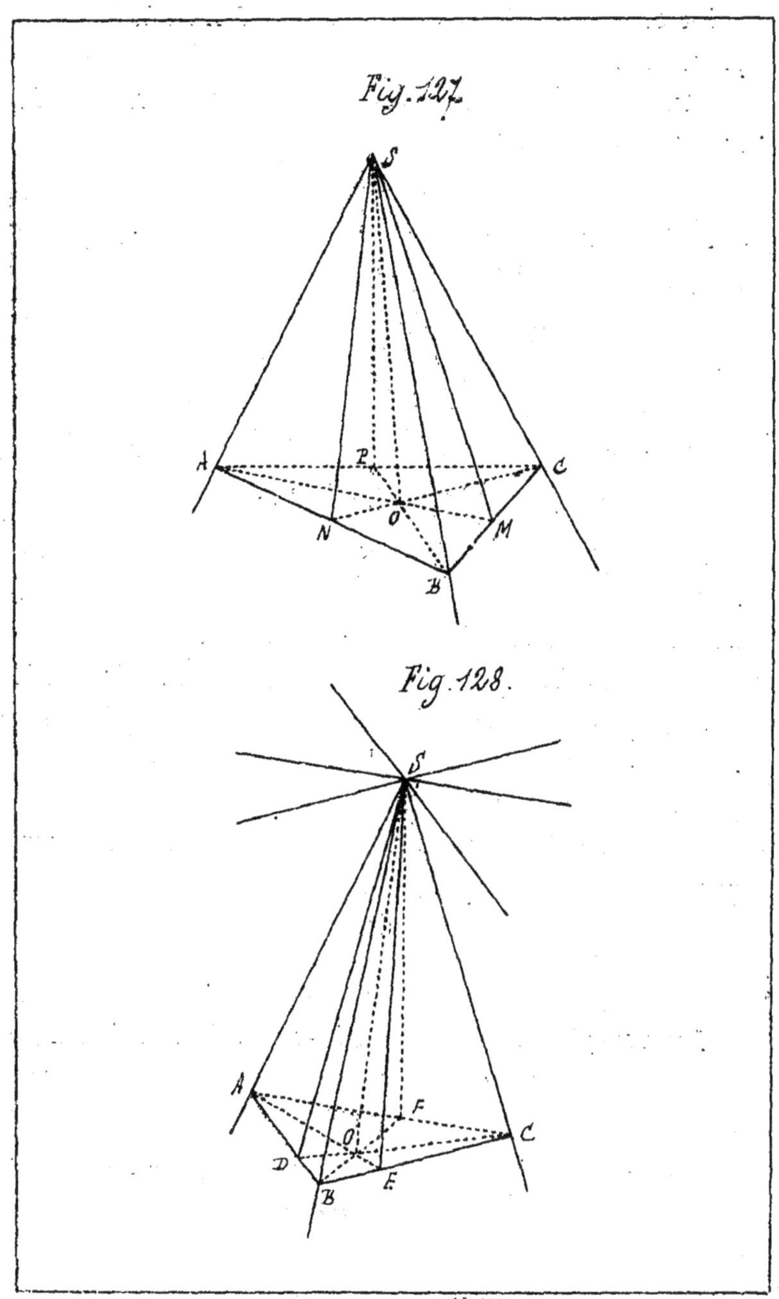
Fig. 127.
S
A
P
C
O
N
M
B
Fig. 128.
S
A
F
C
O
D
E
B

SAE, SBF, SCD, perpendiculairement sur les côtés du triangle ABC. Ces plans seront perpendiculaires sur les faces opposées aux arêtes par lesquelles ils ont été menés, et ils couperont le triangle ABC suivant les droites AE, BF, CD, qui sont les hauteurs de ce triangle.

Ces droites se coupent en un même point O, qui appartient avec le point S aux 3 plans considérés, donc SO est leur intersection.

7.

*Les plans menés par les arêtes d'un angle trièdre et les bissectrices des faces opposées se coupent suivant une même droite.*

(Fig. 127.) Prenez SA = SB = SC, et tracez le plan ABC. Les triangles SAB, SBC, SCA, étant isocèles, les bissectrices SN, SM, SP, des 3 faces passent par les points N, M, P, des côtés AB, BC, AC ; donc les 3 plans ASM, BSP, CSN, couperont le plan ABC suivant les médianes du triangle. SO est donc la droite de concours.

8.

*Si par le sommet d'un angle trièdre, on mène dans chaque face une perpendiculaire sur l'arête opposée, ces trois perpendiculaires seront dans un même plan.*

(Fig. 228.) Soit l'angle trièdre S. Menez les plans SAE, SBF, SCD, perpendiculaires sur les faces SBC, SAC, SAB, et le plan ABC perpendiculaire sur la droite SO de concours des 3 plans. La droite AB (Th. 6.) est une perpendiculaire au plan SDC, donc à l'arête SC.

Il suffit donc, pour satisfaire à l'énoncé, de mener par S trois parallèles aux côtés AB, BC, AC, qui détermineront un plan parallèle au plan ABC.

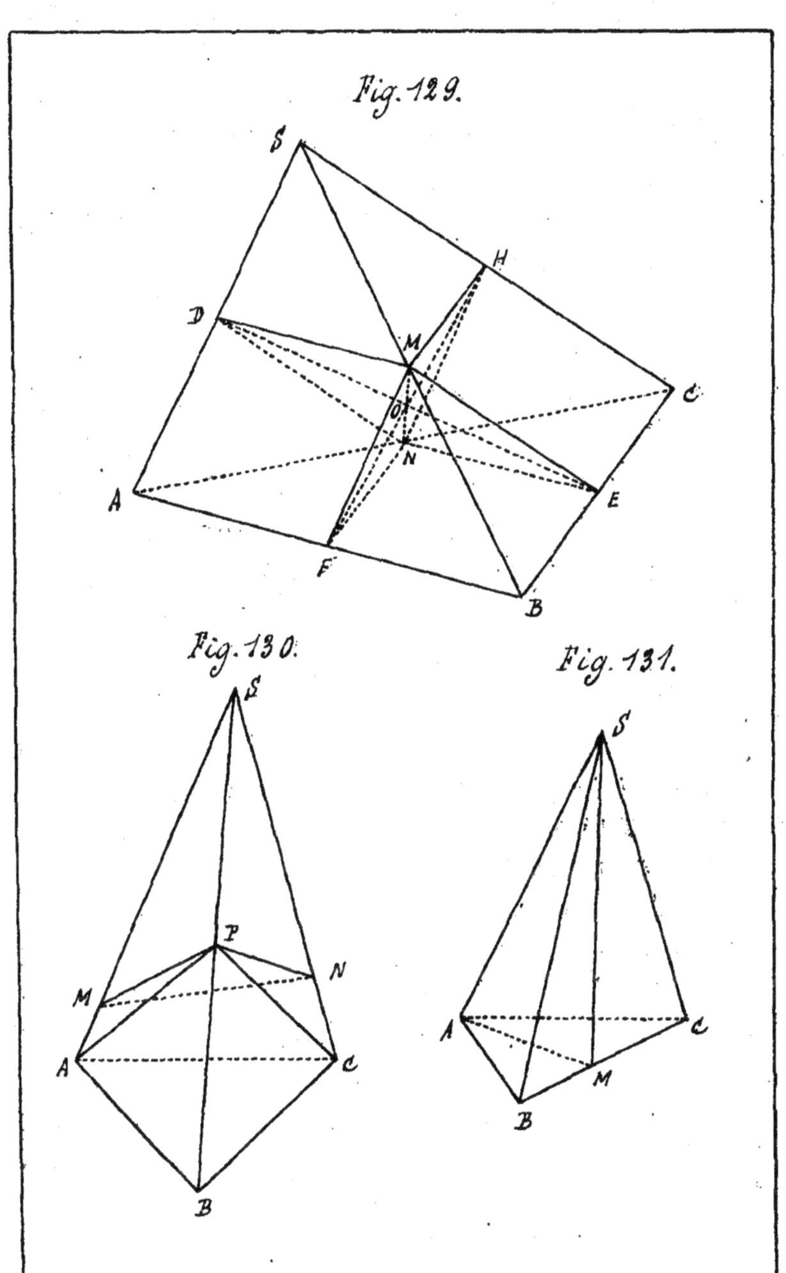

Fig. 129.

Fig. 130.

Fig. 131.

9.

*Dans tout tétraèdre, les lignes qui joignent les milieux des arêtes opposées se coupent mutuellement en deux parties égales.*

(Fig. 129.) Soient DE, FH, MN, les droites qui joignent les milieux des arêtes opposées du tétraèdre.

DMEN, MHNF, sont des parallélogrammes.

REMARQUE. Le point O est le centre de gravité du tétraèdre.

10.

*Deux tétraèdres qui ont un angle solide égal sont entr'eux comme les produits des arêtes qui comprennent l'angle solide égal.*

(Fig. 130.) Soient SABC, SMPN, deux tétraèdres ayant l'angle solide S commun, l'on aura : $\frac{SABC}{SMPN} = \frac{SA.\ SB.\ SC}{SM.\ SP.\ SN}$.

Faites passer un plan par les trois points A, P. C.

$$\frac{CSAB}{CSAP} = \frac{SAB}{SAP} \text{ et } \frac{PSAC}{PMSN} = \frac{SAC}{SMN} \text{ d'où } \frac{SABC}{SMPN} = \frac{SAB.\ SAC}{SAP.\ SMN}$$

$$\frac{tr.\ SAB}{tr.\ SAP} = \frac{SB}{SP} \text{ et } \frac{SAC}{SMC} = \frac{SA.\ SC}{SM.\ SN} \text{ d'où } \frac{SAB.\ SAC}{SAP.\ SMN} = \frac{SB.\ SA.\ SC}{SP.\ SM.\ SN}$$

11.

*Le plan bissecteur d'un angle dièdre d'une pyramide triangulaire divise l'arête opposée en deux segments proportionnels aux faces adjacentes.*

(Fig. 131.) Soit SAM le plan bissecteur du coin SA.

$$\frac{SABM}{SAMC} = \frac{ABM}{MAC} = \frac{BM}{MC} \text{ et } \frac{MASB}{MASC} = \frac{ASB}{ASC}, \text{ donc } \frac{BM}{MC} = \frac{ASB}{ASC}.$$

REMARQUE. L'on a aussi : $\frac{BSM}{MSC} = \frac{ASB}{ASC}$.

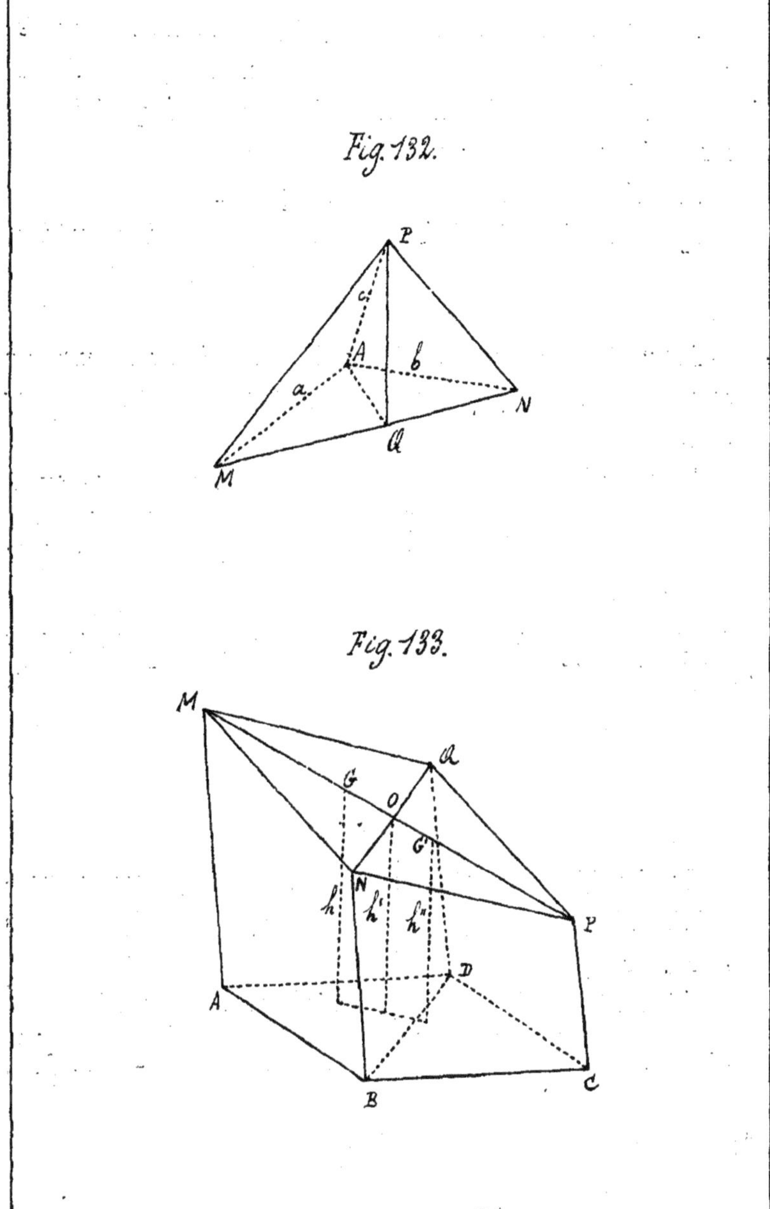
Fig. 132.
P
c
A
b
a
N
Q
M
Fig. 133.
M
Q
G
O
G'
N
h
h'
h''
P
D
A
B
C

## 12.

*Si un tétraèdre renferme un angle solide trirectangle, le carré de la face opposée sera égal à la somme des carrés des trois autres.*

(Fig. 132.) Soit A un angle trièdre trirectangle.

$\text{MAN}+\text{NAP}+\text{PAM}=\frac{1}{2}(ab+bc+ac)$; donc la somme des carrés de ces 3 triangles $=\frac{1}{4}(a^2b^2+b^2c^2+a^2c^2)$.

Abaissez AQ perpendiculaire sur MN. Il vient :

$$\text{AQ.MN}=ab, \text{ d'où}$$

$$\text{AQ}=\frac{ab}{\sqrt{a^2+b^2}}, \text{ d'où PQ}=\sqrt{c^2+\frac{a^2b^2}{a^2+b^2}}=\sqrt{\frac{a^2b^2+a^2c^2+b^2c^2}{a^2+b^2}}.$$

$$\text{or, MNP}=\frac{1}{2}\sqrt{a^2+b^2}\times\sqrt{\frac{a^2b^2+a^2c^2+b^2c^2}{a^2+b^2}};$$

$$\text{donc } \overline{\text{MNP}}^2=\overline{\text{MAN}}^2+\overline{\text{NAP}}^2+\overline{\text{PAM}}^2.$$

## 13.

*Le volume d'un parallélipipède tronqué a pour mesure le produit de sa base par la perpendiculaire abaissée du centre de la base supérieure sur la base inférieure.*

(Fig. 133.) Menez le plan AMPC. Appelez G et G' les centres de gravité des triangles MNQ, NQP ; O le centre de figure de la base supérieure. De G, G', O, menez $h$, $h'$, $h''$ perpendiculaires sur la base inférieure B.

L'on a (Liv. VI. prop. XVIII. Coroll. III.) :

$$\text{ABDMNQ}=\frac{\text{B}}{2}\times h \text{ et BDCNQP}=\frac{\text{B}}{2}\times h'' \text{ d'où MC}=\text{B}\times h'$$

## 14.

*Dans un tétraèdre, les lignes qui joignent chaque sommet*

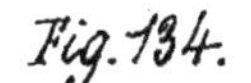

Fig. 134.

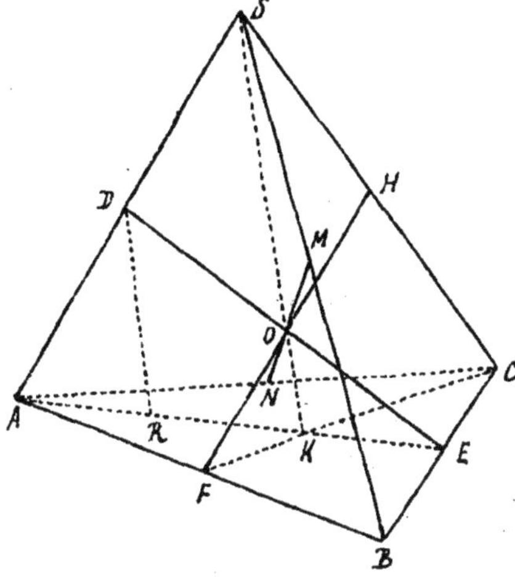


Fig. 135.

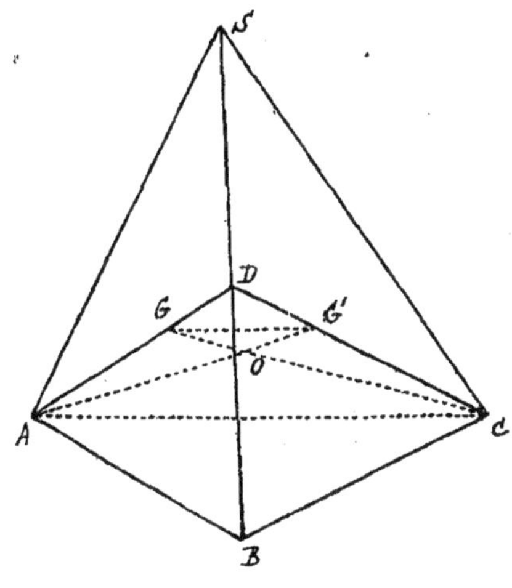

*au point de concours des médianes de la face opposée se coupent en un même point.*

1er MOYEN. (Fig. 134). Soit déterminé le point O par la rencontre des lignes DE, FH, MN, qui joignent les milieux des arêtes opposées.

Joignez le point O au sommet S. Si vous faites passer un plan par SO, SC, ce plan contenant HOF, coupera la base suivant la médiane CF, et SO prolongée rencontrera CF en un point K.

De même le plan ASO coupera ABC suivant la médiane AE et SOK passera par K, centre de gravité du triangle ABC.

REMARQUE I. Le point O est le centre de gravité du tétraèdre, c'est donc le point de rencontre des droites telles que HF ou telles que SK.

REMARQUE II. Menez DR parallèle à OK. A cause de $DE = 2OE$, on a : $OK = \frac{DR}{2}$; de même $DR = \frac{SK}{2}$, donc $OK = \frac{SK}{4}$, c'est à dire que O se trouve sur chacune des droites au $\frac{1}{4}$ à partir de la base et aux $\frac{3}{4}$ à partir du sommet.

2e MOYEN. (Fig. 135.) Soit D le milieu de SB et $DG' = \frac{1}{3} DC$ et $DG = \frac{1}{3} AD$; d'où $GG' = \frac{1}{3} AC$. Tirez AG', CG; ces droites se rencontrant dans le plan ADC, donnent :

$$OG = \frac{CO}{3} = \frac{GC}{4}.$$

Une droite, joignant S au centre de gravité du triangle ABC, coupera CG au $\frac{1}{4}$, donc passera par O,

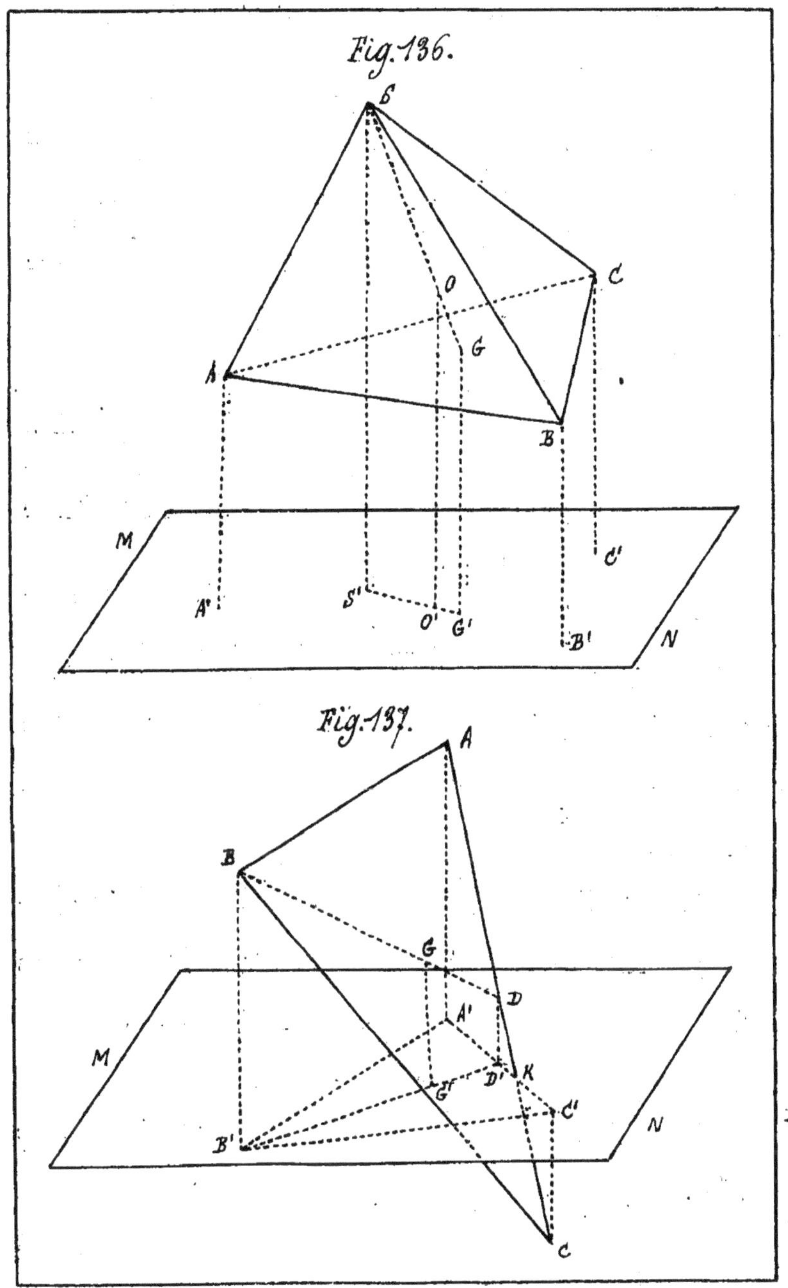


Fig. 136.

Fig. 137.

## 15.

*La perpendiculaire abaissée du centre de gravité d'un tétraèdre sur un plan est la moyenne des perpendiculaires abaissées des quatre sommets sur le même plan.*

1er cas. (Fig. 136.) Joignez S au point G, centre de gravité de ACB; déterminez sur SG le point O, centre de gravité du tétraèdre, puis projetez tous ces points sur MN.

$$OO' = \frac{3GG' + SS'}{4},\quad GG' = \frac{AA' + BB' + CC'}{3},$$

$$\text{d'où } OO' = \frac{AA' + BB' + CC' + SS'}{4}.$$

Lemme. *Si des trois sommets du triangle* ABC, *coupé par un plan* MN, *on abaisse des perpendiculaires sur ce plan, et qu'on en abaisse une autre du point* G, *point de concours des médianes du triangle, on a l'égalité :* $GG' = \frac{AA' + BB' - CC'}{3}$.

(Fig. 137.) Menez la médiane BD et la perpendiculaire DD'.

$$\frac{DD'}{DK} = \frac{AA'}{\frac{AC}{2} + DK},\quad \frac{DD'}{DK} = \frac{CC'}{\frac{AC}{2} - DK},\quad \text{d'où } \frac{AA'}{\frac{AC}{2} + DK} = \frac{CC'}{\frac{AC}{2} - DK} \quad (1)$$

$$\text{de (1) on tire : } \frac{AA' - CC'}{2DK} = \frac{DD'}{DK} \quad \text{ou} \quad \frac{AA' - CC'}{DK} = \frac{2\,DD'}{DK}.$$

$$\text{ou } 2DD' = AA' - CC'$$

$$\text{Or } GG' = \frac{2\,DD' + BB'}{3} \quad \text{donc } GG' = \frac{AA' + BB' - CC'}{3}.$$

2me cas. (Fig. 138.) Soit SABC coupé par le plan MN, G le centre de gravité du triangle ABC, O celui du tétraèdre. Projetez tous ces points.

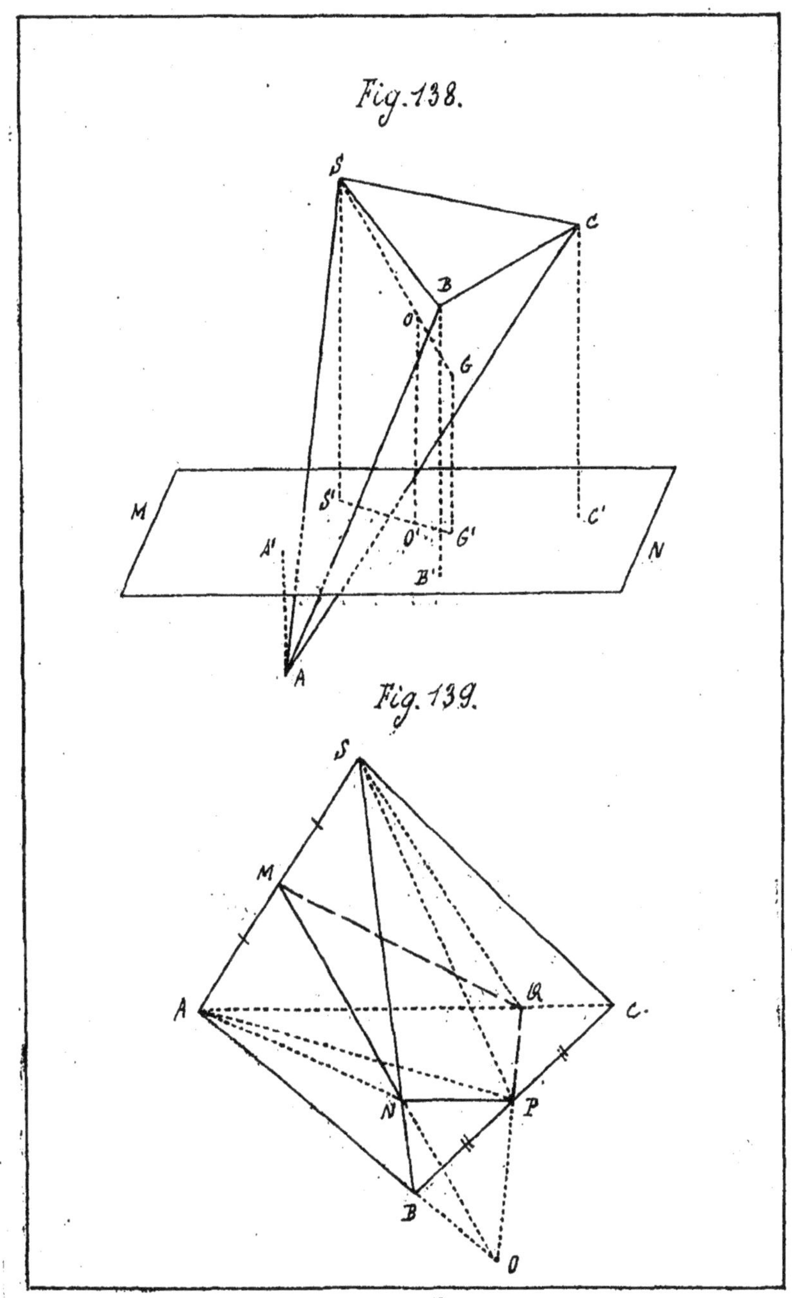
Fig. 138.
S
C
B
O
G
M
S'
C'
O'
G'
A'
N
B'
A
Fig. 139.
S
M
A
Q
C
N
P
B
O

$$OO' = \frac{3GG'+SS'}{4},\ GG' = \frac{BB'+CC'-AA'}{3},$$

$$\text{d'où } OO' = \frac{SS'+BB'+CC'-AA'}{4}$$

Remarque. Lorsque les sommets du tétraèdre ne sont pas d'un même côté par rapport au plan, considérez comme *positives* les valeurs des distances qui tombent d'un côté, et comme *négatives* les valeurs des distances qui tombent du côté opposé.

16.

*Tout plan passant par les milieux de deux arêtes opposées d'un tétraèdre divise ce tétraèdre en deux parties équivalentes.*

(Fig. 139.) Soit MNPQ le plan passant par les points M et P milieux des arêtes AS et BC.

SMNPQC = SMNPQ + SPQC et AMQPNB = AMNPQ + ANPB. Or à cause de AM = MS, SMNPQ = AMNPQ. Reste à démontrer que SPQC = ABNP.

$$\frac{SPQC}{SBAC} = \frac{PQC}{BAC} = \frac{QC.CP}{AC.BC}, \frac{ABNP}{ASBC} = \frac{BNP}{SBC} = \frac{BN.BP}{BS.BC}$$

$$\text{Donc } \frac{SPQC}{ABNP} = \frac{QC.CP.BS}{AC.BN.BP} = \frac{QC.BS}{AC.BN}$$

Cela posé, considérez le triangle ASB coupé par le transversale MNO, et ABC coupé par QPO. Il vient :

$$AO.MS.BN = BO.AM.NS$$
$$AO.QC.BP = BO.AQ.PC$$

$$\frac{BN}{QC} = \frac{NS}{AQ} \text{ ou } \frac{AQ}{QC} = \frac{NS}{BN}\ (1)$$

$$\text{De (1) on tire : } \frac{(AQ+QC) \text{ ou } AC}{QC} = \frac{(BN+NS) \text{ ou } BS}{BN}$$

d'où AC.BN = QC.BS.

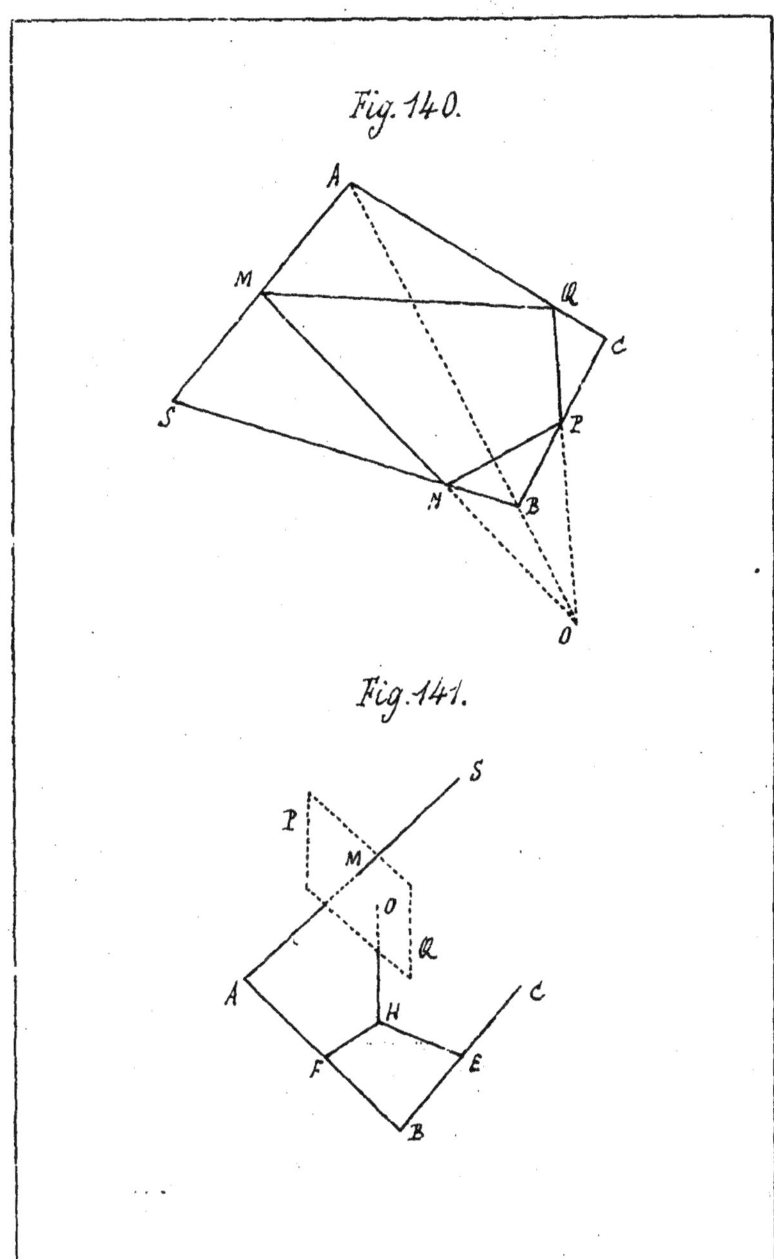


Fig. 140.

Fig. 141.

Remarque. (Fig. 140). Tout plan MNPQ qui passe par les milieux M et P des côtés opposés d'un quadrilatère gauche CASB, coupe les deux autres côtés en parties proportionnelles.

Le quadrilatère gauche est celui dont les 4 sommets ne sont pas dans un même plan.

## 17.

*Par quatre points non situés dans un même plan, on peut faire passer une sphère et on n'en peut faire passer qu'une.*

(Fig. 141.) Soient les 4 points A, B, C, S.

Le centre se trouve (Lieu n° 2) sur l'intersection HO des plans FHO, OHE, menés perpendiculairement à AB et BC, en leurs points milieux F et E. Menez le plan PQ perpendiculaire à AS et passant par son milieu M; ce plan contient le centre de la sphère qui se trouvera donc en O, point de rencontre de HO et du plan PQ.

Les 3 plans PQ, FHO, OHE ne se coupant qu'au seul point O, il n'y aura qu'une sphère passant par les 4 points donnés.

Remarque. La sphère O se trouve circonscrite au tétraèdre SABC.

## 18.

*Dans tout tétraèdre on peut inscrire une sphère.*

(Fig. 142.) La sphère devant être tangente aux 4 faces du tétraèdre, il en résulte que les 4 perpendiculaires menées du centre sur les faces doivent être égales; le

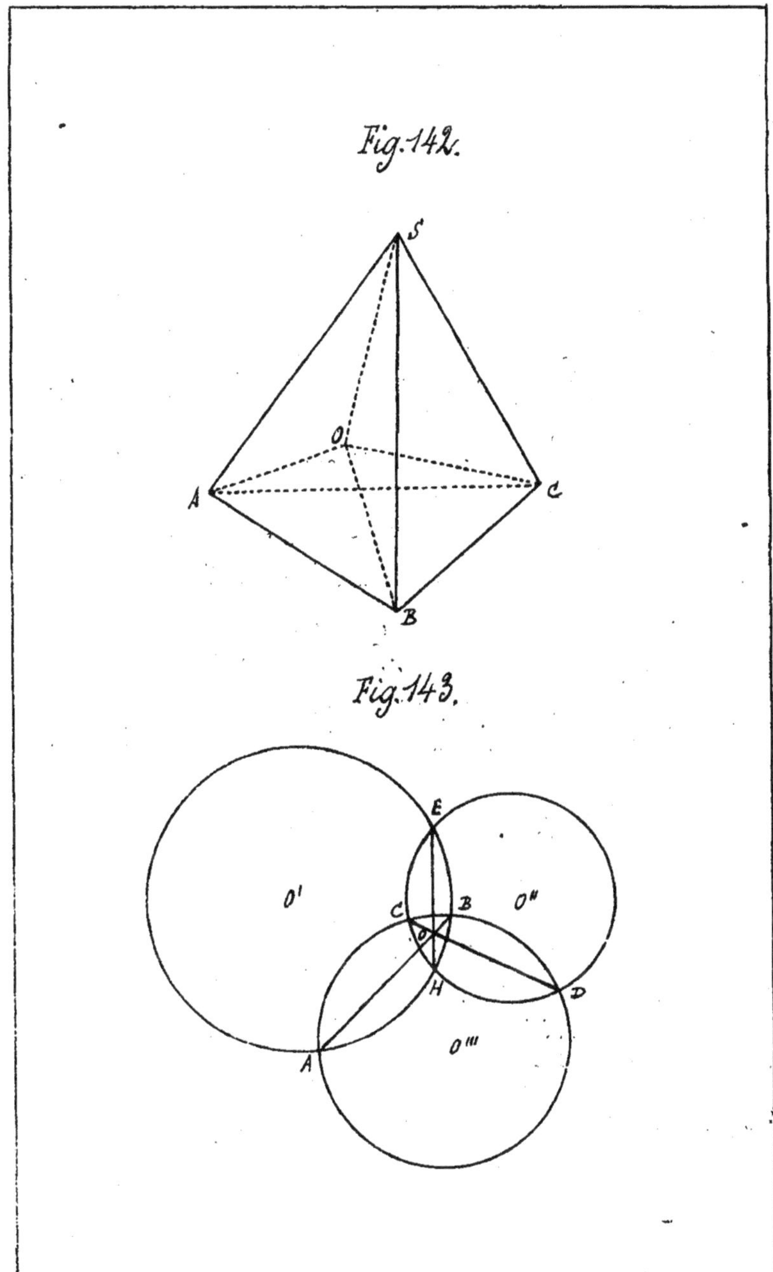
Fig. 142.
S
O
A
C
B
Fig. 143.
E
O'
C
B
O''
O
H
D
A
O'''

centre doit ainsi se trouver dans les plans bissecteurs des angles dièdres du solide, donc à leur intersection.

Menez par AB, CB, SA, les plans bissecteurs, l'intersection O de ces 3 plans sera le centre de la sphère.

REMARQUE. Il ne peut y avoir qu'une sphère inscrite.

19.

*Lorsque trois sphères se coupent deux à deux, les plans des trois cercles d'intersection se coupent suivant une même droite perpendiculaire au plan des trois centres.*

(Fig. 143.) Par les centres O', O'', O''', faites passer un plan qui coupera les 3 sphères suivant 3 grands cercles se coupant 2 à 2.

Les diamètres AB, CD, EH, des cercles d'intersection concourant en O, ces cercles se couperont suivant une droite élevée en O perpendiculairement au plan O' O'' O'''.

**Th.**

*Quand trois droites rectangulaires coupent une sphère et passent par un même point, la somme des carrés des segments est constante.*

(Fig. 144.) Soient les 3 droites AB, AC, AD.

Le plan mené par AB et AC coupe la sphère suivant un petit cercle de centre I; dans ce plan tirez la sécante AI. Le plan mené par AM et AD coupe la sphère suivant un grand cercle de centre O; dans ce plan tirez la sécante AO.

Ces 2 plans sont perpendiculaires entr'eux. On trouve successivement :

Fig. 144.

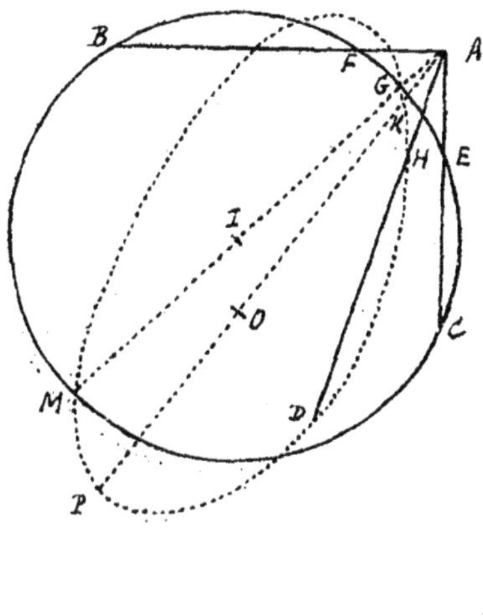

$$(1)\ \overline{AB}^2 + \overline{AF}^2 + \overline{AC}^2 + \overline{AE}^2 = \overline{GM}^2 \text{ (th. connu.)}$$

$$(2)\ \overline{AM}^2 + \overline{AG}^2 + \overline{AD}^2 + \overline{AH}^2 = \overline{KP}^2 = 4\,R^2$$

$$\overline{GM}^2 = \left(AM - AG\right)^2 = \overline{AM}^2 + \overline{AG}^2 - 2\,AM.AG$$

$$AM.AG = AP.AK = (OA + R)\,(OA - R)$$

$$(3)\ \overline{GM}^2 = \overline{AM}^2 + \overline{AG}^2 - 2\left(\overline{OA}^2 - R^2\right)$$

Additionnant (1), (2) et (3) :

$$\overline{AB}^2 + \overline{AF}^2 + \overline{AC}^2 + \overline{AE}^2 + \overline{AD}^2 + \overline{AH}^2 = 6\,R^2 - 2\,\overline{OA}^2$$

## 20.

*Quand trois droites rectangulaires coupent une sphère, et passent par un même point, la somme des carrés des cordes est constante.*

1er MOYEN. (Fig. 144.) Aux deux membres de l'égalité précédente, retranchez la quantité 2 AB.AF + 2 AC.AE + 2 AD.AH, il vient :

$$\overline{BF}^2 + \overline{EC}^2 + \overline{HD}^2 = 6\,R^2 - 2\overline{OA}^2 - 2(AB.AF + AC.AE + AD.AH)$$

$$AB.AF = AC.AE = AD.AH = \overline{OA}^2 - R^2$$

$$\overline{BF}^2 + \overline{EC}^2 + \overline{HD}^2 = 12\,R^2 - 8\,\overline{OA}^2$$

2me MOYEN. (Fig. 145.) Soient AB, AC, AD les 3 droites. Les plans menés par O perpendiculairement aux cordes les coupent en leurs milieux M, N, P. Ces 3 plans et les 3 droites déterminent un parallélipipède.

Fig. 145.

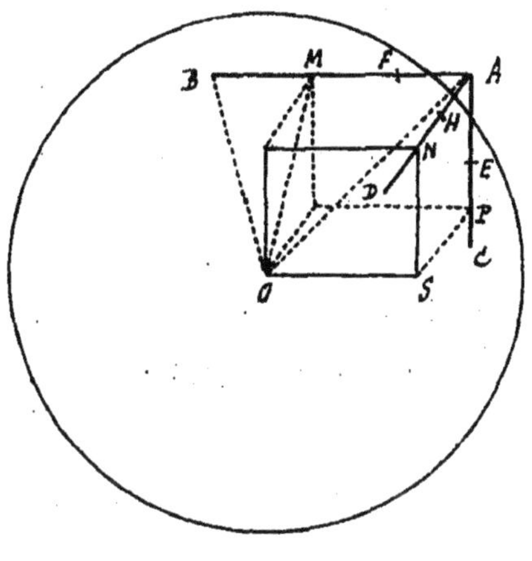

$$\overline{BF}^2 = 4\,\overline{BM}^2 = 4\left(R^2 - \overline{OM}^2\right)$$

$$\overline{EC}^2 = 4\,\overline{CP}^2 = 4\left(R^2 - \overline{OP}^2\right)$$

$$\overline{HD}^2 = 4\,\overline{DN}^2 = 4\left(R^2 - \overline{ON}^2\right)$$

$$\overline{BF}^2 + \overline{EC}^2 + \overline{HD}^2 = 12\,R^2 - 4\left(\overline{OM}^2 + \overline{OP}^2 + \overline{ON}^2\right)$$

$$\overline{OM}^2 = \overline{OA}^2 - \overline{AM}^2$$

$$\overline{OP}^2 = \overline{OA}^2 - \overline{AP}^2$$

$$\overline{ON}^2 = \overline{OS}^2 + \overline{SN}^2 = \overline{AM}^2 + \overline{AP}^2$$

$$\overline{OM}^2 + \overline{OP}^2 + \overline{ON}^2 = 2\,\overline{OA}^2$$

donc $\overline{AF}^2 + \overline{EC}^2 + \overline{HD}^2 = 12\,R^2 - 8\,\overline{OA}^2$.

Remarque. Le point A peut être situé à l'intérieur de la sphère.

---

# LIEUX GÉOMÉTRIQUES

## ET

# PROBLÈMES.

### 1.

*Trouver le lieu des points à égale distance de deux points donnés.*

Le plan perpendiculaire au milieu de la droite des points.

2.

*Trouver le lieu des points également distants de trois points donnés.*

La perpendiculaire au plan des 3 points coupant le triangle des 3 points au centre du cercle circonscrit.

3.

*Trouver le lieu des points également distants de deux points donnés.*

Le plan bissecteur.

Les plans donnés sont parallèles ?

4.

*Trouver le lieu des points également distants de trois plans donnés.*

La droite, commune intersection des plans bissecteurs.

5.

*Trouver le lieu des points de l'espace également distants de deux droites situées dans un même plan.*

Le plan perpendiculaire au plan des deux droites, coupant ce plan suivant la bissectrice de l'angle des droites.

Les droites données sont parallèles ?

6.

*Lieu des points de l'espace à égale distance de trois droites situées dans un même plan.*

Le perpendiculaire au plan, coupant le triangle au centre du cercle inscrit.

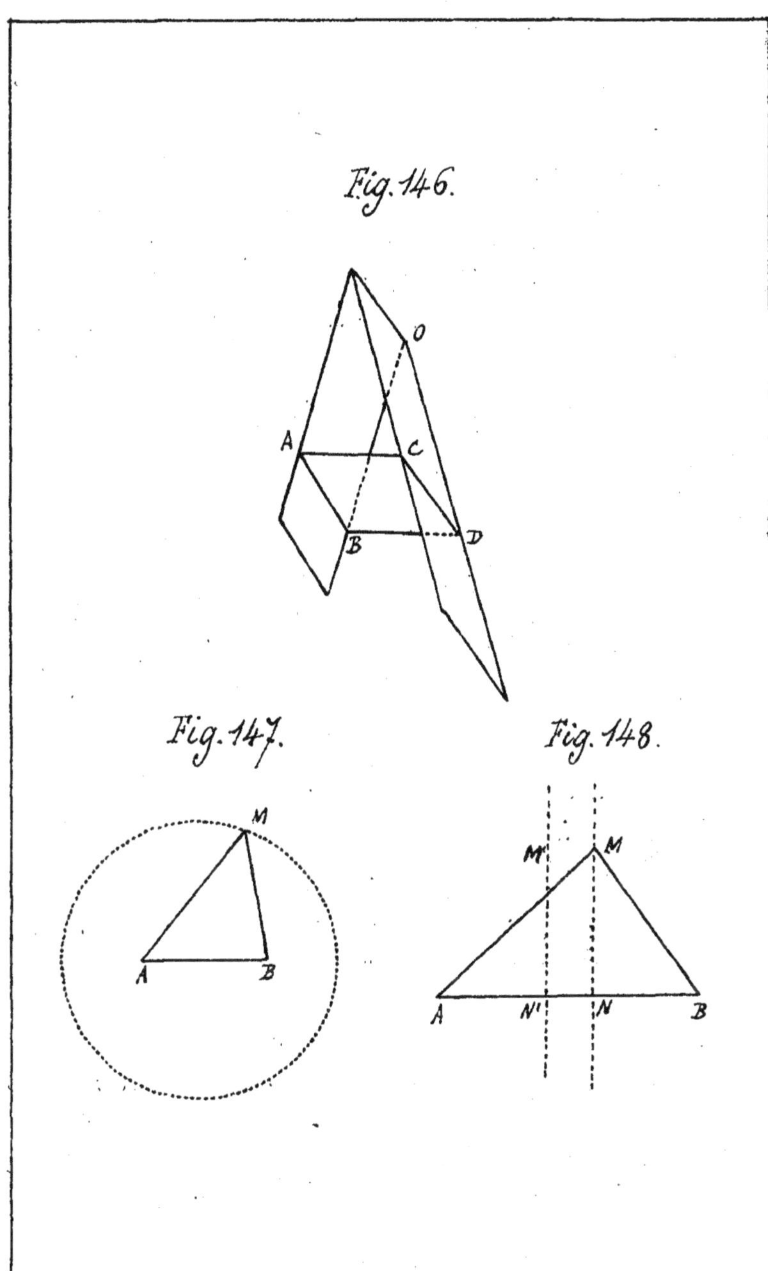
Fig. 146.
O
A
C
B
D
Fig. 147.
M
A
B
Fig. 148.
M'
M
A
N'
N
B

7.

*Trouver le lieu des points tels que la somme des distances de chacun d'eux à deux plans donnés soit égale à une ligne donnée.*

(Fig. 146.) Un plan ABCD, que l'on trouve d'une façon analogue à la droite BD du lieu n° 1 de la géométrie plane.

8.

*Trouver le lieu des points tels que la somme des carrés des distances de chacun d'eux à deux points donnés soit égale à un carré donné.*

(Fig. 147.) Lieu des points M tels que $\overline{AM}^2 + \overline{MB}^2 = K^2$. Dans un plan, c'est une circonférennce ; dans l'espace, c'est ce que donne la rotation d'une circonférence autour de AB.

9.

*Trouver le lieu des points tels que la différence des carrés des distances de chacun de ces points à deux points donnés soit égale à un carré donné.*

(Fig. 148.) Lieu des points M tels que $\overline{AM}^2 - \overline{MB}^2 = K^2$. Les plans engendrés par les perpendiculaires MN, M'N', tournant autour de N et N'.

10.

*On coupe par une suite de plans parallèles deux droites non situées dans un même plan, et on tire les lignes qui joignent les points d'intersection de chacun de ces plans avec les deux droites données ; on demande le lieu géométrique des points qui divisent toutes ces lignes de jonction dans le rapport de* m *à* n.

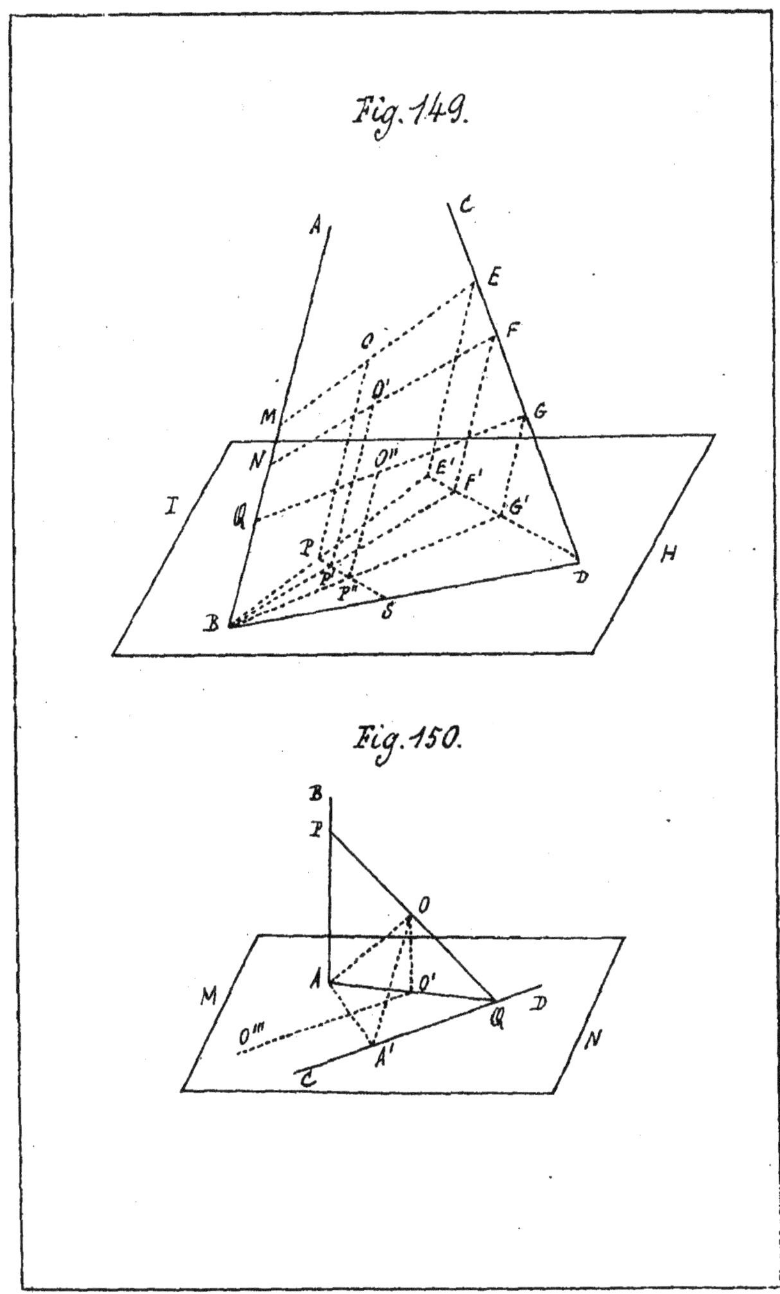
Fig. 149.
A
C
E
F
O
O'
M
G
N
O''
E'
F'
I
Q
G'
P
H
P'
P''
D
B
S
Fig. 150.
B
P
O
A
O'
M
D
Q
O'''
N
A'
C

(Fig. 149.) Soient AB et CD coupant un plan IH.

Par un point quelconque E de CD, menez EE' parallèle à AB, puis EM parallèle à E'B, vous aurez en EM une des lignes de jonction de l'énoncé par un plan parallèle à IH et en FN et GQ deux autres lignes de jonction, respectivement parallèles à BF' et BG'. La droite BD est la ligne qui joint les points de percée de AB et CD dans le plan IH.

Si PS parallèle à E'D divise toutes les lignes du point B dans le plan IH, dans le rapport de $m$ à $n$, et si vous menez PO parallèle à AB et de même P'O' et P"O", les points O, O', O", S, appartiendront au lieu cherché. Or ce lieu sera une ligne droite dans le plan SPO parallèle aux deux droites AB et CD, si vous prouvez que $\frac{OP}{PS} = \frac{O'P'}{P'S} = \frac{O''P''}{P''S}$ ce qui équivaut à $\frac{EE'}{PS} = \frac{FF'}{P'S} = \frac{GG'}{P''S}$ ou bien EE' : FF' : GG' = PS : P'S : P"S, mais EE' : FF' : GG' = E'D : F'D : G'D et PS : P'S : P"S = E'D : F'D : G'D ; donc, etc.

## 11.

*Etant données deux droites rectangulaires non situées dans un même plan, on insère entre ces deux droites des lignes de longueur donnée, et on demande le lieu géométrique des milieux de ces droites.*

(Fig. 150.) Soient BA et CD les deux droites de l'énoncé : MN un plan passant par CD et perpendiculaire à BA. Soit PQ une droite de la longueur donnée, s'appuyant sur AB et CD ; le triangle PAQ est rectangle et la médiane $AO = \frac{PQ}{2}$ = constante. Donc le point O doit se trouver sur une

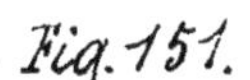


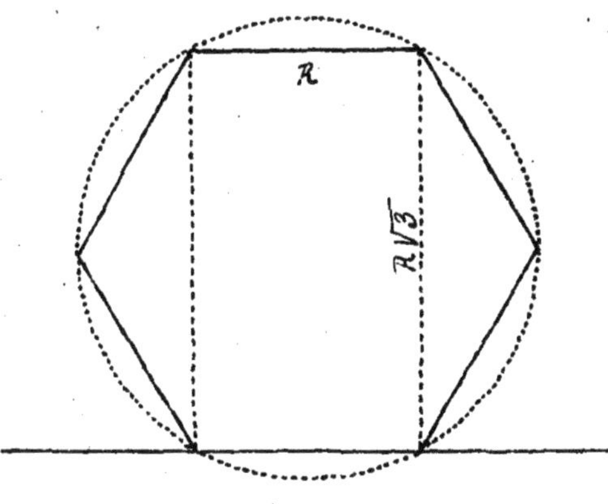


Fig. 152.

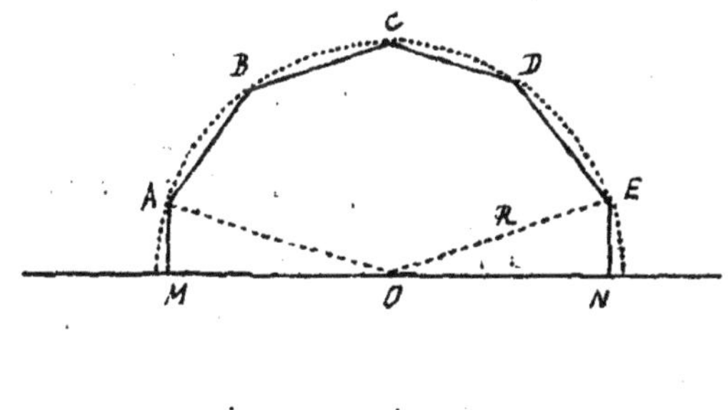

sphère décrite d'un sommet A (de la plus courte distance AA' des deux droites AB et CD) comme centre avec la moitié de la longueur donnée pour rayon.

Mais OO' parallèle à AB divise AQ en deux parties égales et A'O' = AO', donc A'O = AO et le point O doit rester en outre équidistant des points A et A', donc dans un plan perpendiculaire au milieu de AA', soit le plan O'O". Donc le point O est sur une circonférence intersection de la sphère décrite de A ou de A' comme centre avec la moitié de la longueur donnée pour rayon, et du plan O'O" perpendiculaire à MN, et équidistant de CD et AB.

12.

*Calculer le volume engendré par un hexagone régulier, tournant autour d'un de ses côtés.*

(Fig. 151.) Vol. hexagone $= \frac{9}{2} \pi R^3$.

REMARQUE. Ce volume est encore égal à la surface de l'hexagone multipliée par la circonférence que décrit son centre.

13.

*Trouver le volume engendré par un demi-décagone régulier dont le côté est* a, *tournant autour du diamètre du cercle circonscrit.*

(Fig. 152,) Vol. MABCDN = vol. ABCDEOA + 2 vol. OEN

$$\text{Vol. ABCDEOA} = 2\pi\,\text{ON}.\,2\,\text{ON}.\,\frac{1}{3}\,\text{ON} = \frac{4}{3}\pi\,\overline{\text{ON}}^2$$

$$2\text{ vol. OEN} = 2.\,\pi\,\frac{a^2}{4}.\,\frac{1}{3}\,\text{ON} = \frac{1}{6}\,\pi a^2.\,\text{ON}$$

$$\text{Vol. MABCDEN} = \frac{4}{3}\pi\,\overline{\text{ON}}^3 + \frac{1}{6}\,\pi a^2.\,\text{ON}$$

Fig. 153.

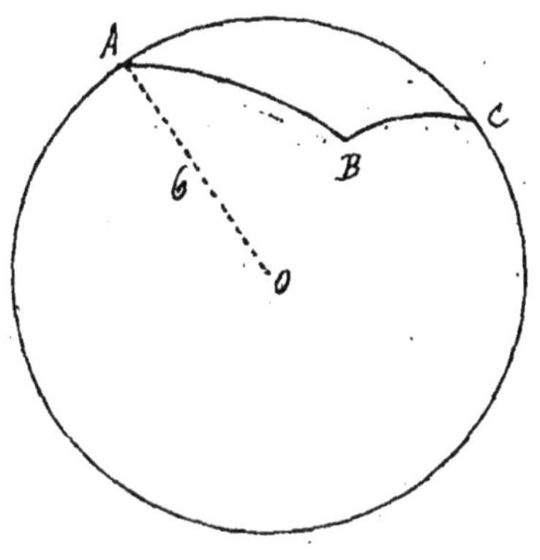

Dans le triangle OEN, $ON = \frac{R}{4}\sqrt{10 + 2\sqrt{5}}$

Le rapport $\frac{ON}{a}$ donne $ON = \frac{a}{2}\sqrt{5 + 2\sqrt{5}}$

Finalement vol. $MABCDEN = \frac{1}{12}\pi a^3 \left(11 + 4\sqrt{5}\right)\sqrt{5 + 2\sqrt{5}}$

14.

*Trouver la surface de la terre en myriamètres carrés.*

5092962 myriamètres carrés.

REMARQUE. La surface d'une sphère de rayon R égale la surface d'un cercle de rayon 2 R.

15.

*Trouver quelle serait la mesure d'une pyramide, si l'on prenait pour unité de volume la sphère qui a pour rayon l'unité linéaire, et pour unité de surface le cercle qui a pour rayon l'unité de longueur.*

Soient P le volume de la pyramide, $s$ la surface de sa base, S la sphère de rayon 1 et C le cercle de rayon 1. On a : (Liv. VIII. prop. XIII. scolie III).

$$\frac{P}{s} = \frac{S}{C} \times \frac{R}{4}$$ c'est à dire que

Une pyramide sphérique a pour mesure le produit de sa base par le quart du rayon de la sphère.

16.

*Les angles d'un triangle sphérique sont respectivement :* 58° 18', 64° 8' *et* 82° 4', *le rayon de la sphère est* 6$^{m}$ ; *calculer en mètres carrés la surface du triangle sphérique.*

(Fig. 153.) 15 mètres carrés.

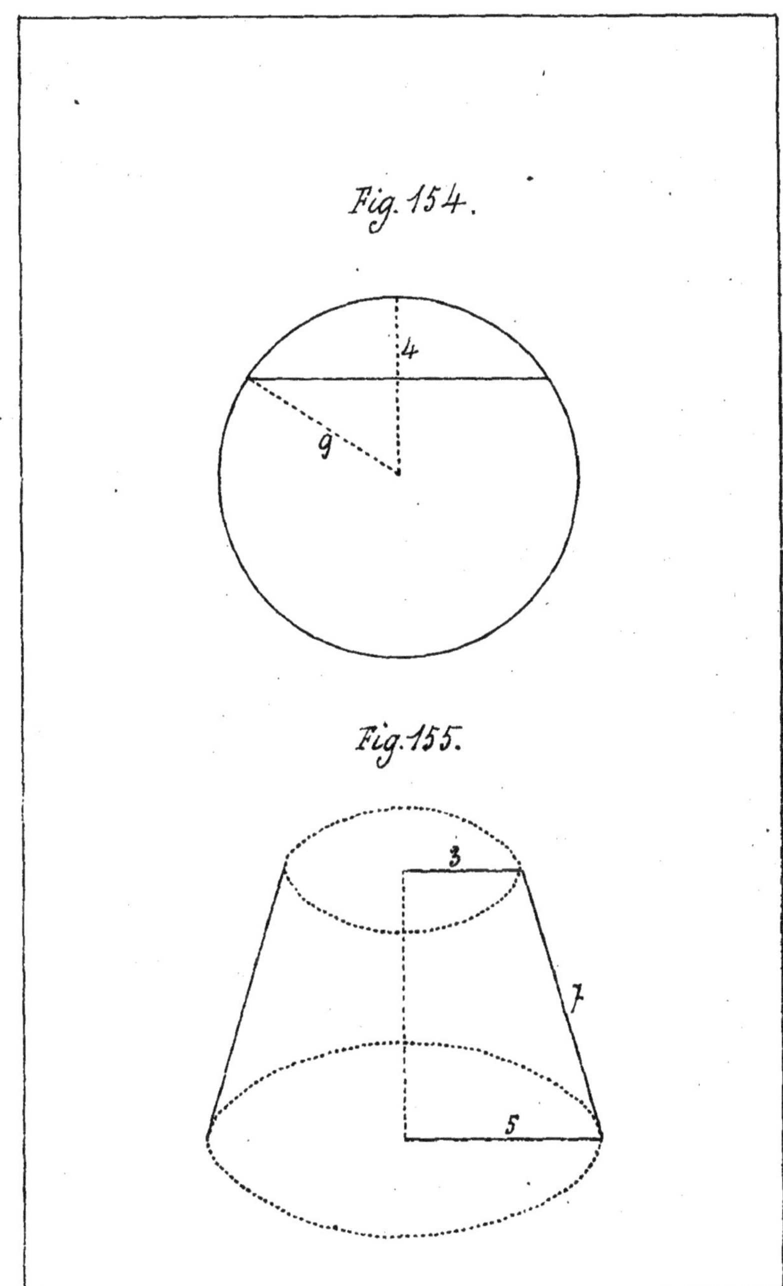


Fig. 154.

Fig. 155.

17.

*Trouver le volume d'un segment sphérique à une base dont la hauteur est 4 mèt., et situé sur une sphère dont le rayon est 9 mèt.*

(Fig. 154.) 385,173.

18.

*Les rayons des bases d'un cône tronqué sont* $3^m$ *et* $5^m$, *et son arête a* $7^m$ *de longueur ; trouver la surface et le volume du cône tronqué.*

(Fig. 155.) 282,70 et 343,620.

---

## ERRATA.

Page 13, ligne 25. Au lieu de *si l'on même ;* lisez *si l'on mène.*
» 65, » 10. Au lieu de AD = DM ; lisez AD = BM.
» 103, » 4. Au lieu de *qu'on peut prolonger ;* lisez *qu'on ne peut prolonger.*

FIN.

www.ingramcontent.com/pod-product-compliance
Ingram Content Group UK Ltd.
Pitfield, Milton Keynes, MK11 3LW, UK
UKHW012040240726
13965UKWH00003B/938